쿠르스크 1943

Campaign 16 : Kursk 1943
by Mark Healy

First published in Great Britain in 1992, by Osprey Publishing Ltd.,
Midland House, West Way, Botley, Oxford, OX2 0PH.
All rights reserved.
Korean language translation ⓒ 2017 Planet Media Publishing Co.

KODEF 안보총서 94

쿠르스크 1943

동부전선의 일대 전환점이 된 제2차 세계대전 최대의 기갑전

마크 힐리 지음 | 이동훈 옮김 | 한국국방안보포럼 감수

플래닛미디어
Planet Media

1943년 7월 5일, 한여름의 강한 햇살 아래 무성한 밀밭과 샛노랗게 핀 해바라기들이 끝없이 펼쳐진 러시아 남부 쿠르스크의 광활한 평원에서 지상 최대의 전차전이 독일군과 소련군(붉은 군대) 사이에 벌어졌다. 7일간 계속된 전투로 동부전선의 전장 환경이 한순간에 반전되었다. 제2차 세계대전 개전 이래 승승장구하던 독일의 전차군단이 쿠르스크에서 처음으로 참패를 경험한다. 이로써 독일군의 전략은 모스크바 점령을 위한 공세작전에서 베를린을 지키기 위한 방어작전으로 전환된다. '쿠르스크 전차전'이 갖는 전략적 함의가 여기에 있다. 독자들이 이것을 더 잘 이해하도록 돕기 위해 쿠르스크 이전까지의 동부전선의 진행과정과 쿠르스크 전투의 전개 상황을 간략히 조망하는 것이 바람직하리라 본다.

히틀러 총통의 소련 침공작전인 '바르바로사'는 쿠르스크 전투 2년 전인 1941년 6월 22일 새벽에 시작되었다. 1920년대부터 총통은 자신의 '생활권 이론(Lebensraumstheorie)'을 통하여 새로운 게르만 제국의 건설을 위해서는 우크라이나의 곡창지대, 코카서스의 유전, 우랄의 지하자원이 필요하다는 것을 자주 강조하였다. 따라서 '바르바로사'의 시작은 20여 년 동안이나 지녀온 총통의 염원이 실현되는 순간이기도 했다. '바르바로사' 성공의 열쇠는 붉은 군대를 단기간에 섬멸하여 전쟁을 조기에 끝낼 수 있느냐에 달려 있었다. 작전지역으로서의 러시아는 동쪽(볼가 강)에서 서쪽(엘베 강)까지 2,700킬로미터, 남쪽(흑해)에서 북쪽(북극해)까지 3,200킬로미터에 이르는 광대한 땅이라서, 그 어떤 군사작전도 끝없이 펼쳐지는 대지 속으로 빨아들이는 습성이 있었다. 뿐만 아니라 군사작전의 천재 나폴레옹조차도 두 손을 들었던, 언제 닥칠 줄 모르는 시베리아 동장군(冬將軍)의 존재는 붉은 군대에게는 영원한 전우지만, 다른 나라 군대에게는 공포 그 자체였다. 여기에다 해빙(解氷, rasputitsa)의 자연적 선물인 진흙의 수렁은 러시아에서의 군사기동 자체를 불가능하게 할 수 있었다.

독일군 총사령부(OKW)는 '바르바로사' 작전에 205개 사단 중 148개 사단(기갑사단 19개, 기계화사단 12개)을 투입했고, 항공기 2,500대, 전차 3,350대, 각종 대포 7,184문, 차량 60만 대를 동원했다. 독일군은 남부(키예프→스탈린그라드), 중부(민스크→스몰렌스크→모스크바), 북부(발트해 지역 →레닌그라드) 이렇게 3개 방면으로 공격을 계획했다. '카일 운트 케셀(Keil und Kessel, 쐐기와 이중포위)' 작전은 독일군 총사령부가 러시아의 끝없는 지형과 동장군, '진흙 장군'을 극복하고 전쟁을 단기간에 끝내기 위하여 개발한 작전술이다. 이것은 폴란드와 프랑스 전역(戰役)에서 그 효과가 입증된 '전격전'의 개량 전법으로서, ① 공군의 지원을 받는 기갑부대가 선정된 돌파구를 침투하여 적군 후방 깊숙한 곳에 있는 목표물까지 공격 (Keil)하고 외부(1차) 포위망을 형성한다. ② 차량화보병부대가 기갑부대를 따라 전진하면서 내부(2차) 포위망을 형성하고 이중포위망(Kessel)을 완성한다. ③ 차량화보병부대가 적 정면에서 공격하는 보병부대와 협동하여 이중포위망 안에 갇힌 적군을 소탕한다. 이와 같이 '카일 운트 케셀'은 국경지역에서 독일군에게 돌파당한 적군이 후방 내륙으로 후퇴하기 이전에 이들을 이중으로 포위하여 섬멸하는 작전이다.

한편, 소련군 총사령부(STAVKA)는 서부국경지대에 148개 사단, 230만 명의 병력을 배치했고, 전차 20만 대, 항공기 7,500대를 동원했다. 스탈린은 독일군 침공 열흘째인 7월 3일 '조국해방전쟁'을 선언하고, 예비군 1,200만 명을 동원하라고 지시했다. 전쟁이 시작되면서 러시아인들이 가장 믿고 기대한 것은, '러시아의 끝없는 공간(space)을 팔아서 시간(time)을 얻는 것이었는데, 그 시간이 오면 러시아인만이 견디어낼 수 있는 혹독한 추위가 러시아 평원을 뒤덮어 모든 것을 꽁꽁 얼게' 할 것이었다.

'카일 운트 케셀'은 국경선을 돌파하면서 놀라운 전과를 계속 안겨다 주었다. 중부군은 공격 1주일 후 민스크에서 29만 명, 2주일 후 스몰렌스크에서 10만 명의 포로를 잡았고, 국경 돌파 18일 만에 동쪽으로 650킬로미터나 진격하여 모스크바로 이르는 통로에 도달했다. 독일군의 주공인 남부군은 계획보다 지체되기는 했지만 중부군 기갑부대의 지원을 받아 9월 19일 1차 작전목표인 키예프를 점령했고, 무려 66만 5,000명의 적군 포로를 잡는 전사상 유례가 없는 개가를 올렸다. 키예프 포위전에서 독일군이 대단한 승리를 거둔 것은 사실이지만, 방어전략적인 측면에서 붉은 군대는 아직 패배하지 않았다. 왜냐하면 키예프 방어군은 모스크바를 목표 삼아 '카일 운트 케셀'로 신속하게 동진해야 하는 중부군 기갑부대를 무려 한 달여나 키예프에 잡아두었기 때문이다. 키예프의 희생으로 얻은 한 달여의 시간 동안 소련군은 방어체계를 총체적으로 재정비할 수 있었고, 장기전 수행을 위해 군수산업의 주요 생산 장비를 우랄산맥 너머의 안전지대로 이전할 수 있었다.

키예프에서 복귀한 기갑전력으로 재무장한 중부군이 10월 2일 모스크바를 향한 공격을 재개하여 2주 만에 66만 명의 포로를 잡았지만, 10월 중

6

순부터는 계속되는 가을비와 기온의 급강하로 전차의 공격 능력이 무디어졌고, 여기저기서 멈춰 서버린 전차가 늘어갔다. 11월 15일 총통의 독려로 모스크바에 대한 마지막 총공세가 다시 시작되었고, 12월 5일 최선봉 부대가 모스크바 시가지 바로 코앞까지 전진하였다. 하지만 독일군이 자랑하는 '카일 운트 케셀'의 최대 진출선은 거기까지였다. 설상가상으로 유난히 추운 겨울이 시작되었고, 혹독한 겨울을 제대로 준비하지 못한 독일군은 추위와 불면증에 시달리면서 전투력이 급속하게 떨어졌다. 엔진이 얼어버려 움직이지 못하는 전차와 차량의 숫자가 급속히 늘어갔다. 이와는 정반대로 동장군을 학수고대하며 전력을 증강시킨 소련군은 마침내 12월 6일부터 서부전선 전체에 걸쳐 반격을 개시했다. 붉은 군대의 대대적인 역공세에 직면한 독일군은 특유의 정신력으로 단계적 철수작전과 견제 공격을 펴서 이듬해인 1942년 봄까지 레닌그라드와 돈 강의 로스토프를 연결하는 선에서 전선을 안정시킬 수 있었다.

여름이 되고 히틀러가 북부 및 중부전선은 현 상태를 유지하고 남부전선에 전력을 집중하라고 명령하면서, 코카서스 유전과 스탈린그라드 점령을 목표로 하는 독일의 1942년 하계공세가 시작됐다. 독일군은 8월말에 볼가 강변의 도시 스탈린그라드를 서·남·북 세 방향에서 압박하며 포위망을 좁혀갔고 이에 맞서 격렬하게 저항하는 붉은 군대와 9월초부터 치열한 시가전을 벌였다. 그해 11월 중순에 추위가 엄습하기 시작하면서 붉은 군대는 반격을 시작했고, 다음해 1월 31일에는 드디어 독일군 6군을 항복시키고 9만 1,000명의 독일군 포로를 동토(凍土) 시베리아로 보낸다. 이 승리의 여세를 몰아 붉은 군대는 스탈린그라드에서 서쪽으로 560킬로미터 떨어진 하리코프까지 독일군을 몰아냈지만, 독일군은 1943년 3월 쿠르스크 남쪽에 위치한 하리코프를 다시 탈환한다.

이로써 이 책에서 다루게 될 '1943년 독일군의 하계공세. 쿠르스크 돌출부 제거작전(Operation 'Zitadelle')'의 무대가 준비된 것이다. 1943년 여름, 독일군이 처한 상황은 두 해 전과 판이하게 달랐다. 독일군은 무엇보다 전쟁 승리에 대한 자신감을 급속도로 상실해가고 있었고, 전선에서 병력과 장비의 부족은 심각한 수준에 도달했으며, 특히 전승의 주역인 전차전력의 보충 또한 미미한 상태여서 머지않아 소련군 기갑전력에 압도당하게 될 것이었다. 총통의 동부전선에서의 마지막 카드인 '치타델레' 작전은 4월 15일 작전명령 6호로 배포되었으나, 여러 가지 상황으로 연기되다가 마침내 7월 5일에 시작되었다. 쿠르스크에서 펼쳐진 독일군의 작전은 지금까지 자신들이 즐겨 사용한 '카일 운트 케셀'로서 돌출부를 서·남·북 세 방향에서 포위하여 그 안에 갇힌 적군을 섬멸하는 것이었다.

이에 비해 1943년 여름 소련군의 전투역량은 최고 수준에 도달해 있었고, 무엇보다 스탈린그라드에서의 승리로 자신감이 넘쳐흘렀다. 이제 붉은 군대는 '군복만 걸친 농민군'이라는 두 해 전의 오명을 씻어내고, 오히려 독일군을 상대로 '카일 운트 케셀'을 역으로 운용할 수 있는 수준까지 이르렀다. 뿐만 아니라 STAVKA는 독일군의 하계공세가 쿠르스크에 집중되리라는 것을 이미 봄부터 알고 있었다. 4월 12일, 스탈린이 참석한 STAVKA 최고회의에서 '치타델레'를 상대할 3단계 대응전략이 도출되었다. 그것은 ① 독일군이 쿠르스크 돌출부에서 '카일 운트 케셀'을 구사하며 공격하도록 적극 유도한다. ② 독일군 공격의 주력인 전차와 차량화 전력을 이미 강력하게 구축된 소련군 방어체계 안에서 완전히 소모시킨다. ③ 후방에 배치된 강력한 기갑예비전력으로 역공을 가하여 독일군을 섬멸한다는 것이었다. 이를 위하여 소련군은 쿠르스크 돌출부의 전 지역에 지뢰지대, 대전차호, 대전차진지로 3중 방어선을 구축했고 이를 참호화했다. 이렇게 완성된 방어체계의 길이는 1,900킬로미터, 8개 구역으로 구성된 방어지대의 종심은 70킬로미터에 달했다.

7월 5일 새벽, 독일군 포병대가 적군 방어거점을 향해 집중 포격을 시작하자, 공중에는 슈투카 폭격기가 특유의 사이렌 소리를 내며 지상 목표물을 향하여 급강하했다. 한 시간여에 걸친 집중폭격이 끝나자, 전투공병이 전차 진입에 앞서 지뢰밭을 비집고 들어가 통로를 개척했고, 독일군 전차가 적군 방어지대에 쐐기대형으로 전진하기 시작했다. 독일군이 소련군 참호방어선을 향해 전진하자, 이제까지 독일군의 포격에 숨죽여 기다리던 참호 속의 소련군 박격포와 소형화기가 불을 뿜기 시작했다. 이에 놀란 독일군이 몸을 숨기기 위해 높게 자란 밀밭으로 뛰어들면, 소련군이 묻어놓은 지뢰들이 연쇄폭발을 일으켰다. 1차 방어선을 돌파한 독일군 전차는 또 다른 지뢰밭과 포탄 세례에 멈춰 섰고, 적군의 엄폐된 대전차포가 이들을 향해 엄청난 화력을 퍼부었다. 기어이 지뢰밭과 포병 및 대전차포 지대를 통과한 많은 독일군 전차들은 용감한 소련 전투공병들이 투척한 화염병 공격으로 움직이지도 못하게 되었다. 이렇게 어렵게 3중 방어선과 장애물을 돌파한 독일군 전차를 기다리고 있는 것은 소련군의 전차부대였다. 드디어 양측 전차부대가 정면대결을 벌이게 된 것이다.

7월 12일, 전투기들이 꼬리를 물며 공중전(dogfighting)을 벌이고 대지공격기들이 적군의 전차와 보병에게 무자비한 기총공격을 가하는 가운데, 프로호로프카에서 벌어진 쿠르스크 최대의 전차전은 여기저기에 검은 연기를 내뿜으며 불타는 전차들이 널린 장면을 무려 12킬로미터에 걸쳐 연출했다. 프로호로프카에서 양측은 700대 이상의 전차를 상실했고, 특히 독일군은 전차 300대, 포 88문을 버리고 철수할 수밖에 없었다. 이제 소련군은 우크라이나 평원, 쿠르스크 전장의 당당한 지배자가 되었다. 독일군은 프로호로프카 전차전에서 패한 지 하루 뒤인 7월 13일에 '치타델레' 작전의 전면 중지를 결정한다. 이후 소련군이 서부 국경선을 돌파하고 베를린에 입성하는 것은 시간문제일 뿐이었다. 쿠르스크에서 얻은 적군의 승리는 1941년 겨울 모스크바와 1942년 겨울 스탈린그라드에서 쟁취한 승리와 차원을 달리한다. 지난 두 해 겨울의 승리는 러시아가 믿고 기대한 동장군의 위력에 크게 의존한 것이었지만, 1943년 7월 쿠르스크에서의 승리는 순전히 소련군의 전투경험, 조국애 그리고 불굴의 의지가 하나가 되어 일구어낸 결과였다.

그러면 『쿠르스크 1943』은 오늘을 살아가는 우리에게 어떤 교훈을 남기는가? 첫째, 배울 줄 알고, 배운 것을 창조적으로 운용하라는 것이다. 1941년의 소련군은 독일군에게 수백만 명의 포로를 안겨다준 군대였지만, 1943년 여름의 그들은 독일군에게 철저하게 당하면서 배운 '카일 운트 케셀'을 역으로 운용함으로써 독일군 무적 전차군단에게 재기 불능의 패배를 안겨주었다. 이것은 늘 겸손히 배우는 자세를 갖고 살라는 옛 선현들의 가르침을 되새기게 하는 부분이다. 둘째, 유비무환(有備無患)의 자세로 평상시에 위기 상황을 준비하라는 것이다. "평화를 원하거든 전쟁을 준비하라(Si vis pacem, para bellum)"는 유명한 로마 격언이 있다. 소련은 독일의 러시아 침공을 예견하고 1941년 4월에 독일의 동맹국인 일본과 불가침조약을 체결함으로써 극동의 정예 전력을 서부전선의 방어에 투입할 수 있었다. 또한 독일과의 전쟁을 장기전으로 기획하면서 주요 군수산업 공장을 우랄지역으로 이전함으로써 전쟁 물자를 안정적으로 생산할 수 있었다. 이것은 소련 정치지도자들의 높은 안목을 엿볼 수 있게 하는 부분이다.

『쿠르스크 1943』을 손에 쥔 독자들은 어느덧 한여름 우크라이나의 광활한 평원 속에서 작은 한 점으로 변해버린 자신의 모습을 발견하게 될 것이다. 또한 새파란 하늘을 배경으로 전개되는 전투기들의 공중전과 대지 공격기들의 숨 막히는 곡예비행, 지뢰밭에서 목숨을 걸고 길을 열어가는 전투공병들의 모습, 수백여 대의 전차들이 초원에서 굉음을 울리며 격돌하는 모습, 적의 포탄을 피하기 위해 쉴 새 없이 움직이며 전차를 조종하는 병사들의 모습, 전차를 향해 엄청난 화력을 퍼붓는 대전차포들의 모습을 보며 독자들은 손에 땀을 쥐지 않을 수 없을 것이다. 불타면서 검은 연기를 내뿜는 무수한 전차들의 잔해를 마지막 장면으로 남기고 있는 『쿠르스크 1943』은 광대한 자연과 오만한 인간이 한데 어울려서 연출하는 한 편의 장엄한 스펙터클이다.

이명환

전(前) 공군사관학교 군사전략학과 전쟁사 교수, 현(現) 서원대학교 강의교수

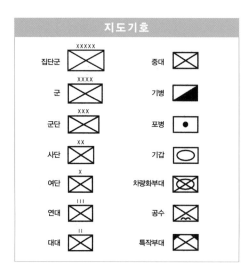

지도기호

집단군	XXXXX	중대	
군	XXXX	기병	
군단	XXX	포병	
사단	XX	기갑	
여단	X	차량화부대	
연대	I I I	공수	
대대	I I	특작부대	

| 차 례 |

티거 전차와 사냥감!
장거리 88밀리미터 주포로 엄청난 파괴력을 보여주는 티거 1형(Tiger 1) 전차의 모습을 담은 이 사진은, '치타델레(Zitadelle)' 작전 동안 독일군의 고군분투를 가장 잘 상징적으로 보여주고 있다. 쿠르스크 공세에 참가한 티거 1형 전차는 실제로 146대에 불과했지만, 티거 1형 전차가 강력한 상징적인 존재가 될 수 있었던 것은 무기로서 그것이 보여준 효과 때문이다. 1943년 7월에 잃은 티거 전차 40대 중에서 대부분은 쿠르스크에서 파괴되었다. 사진 속에 나오는 전차는 3친위기계화보병사단 '토텐코프(Totenkopf)' 소속 전차이며, 이 사단은 4기갑군 예하 2친위기갑군단 소속으로 치타델레 작전에 참가했다.(독일연방 문서보관소)

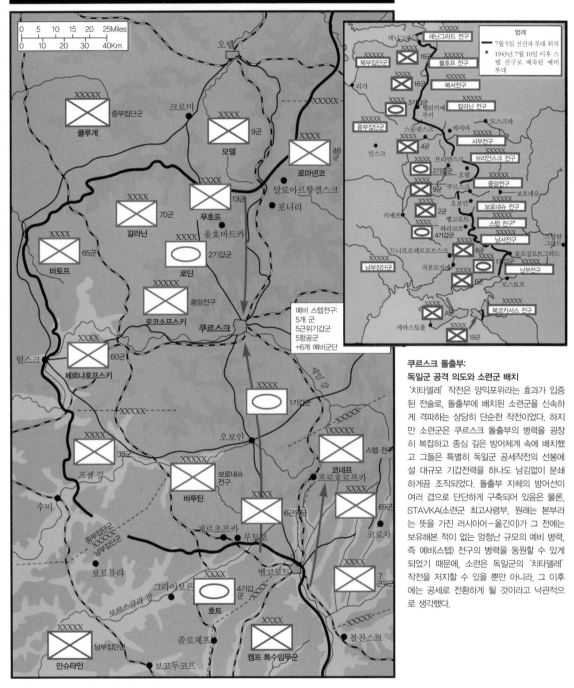

쿠르스크 돌출부:
독일군 공격 의도와 소련군 배치

'치타델레' 작전은 양익포위라는 효과가 입증된 전술로, 돌출부에 배치된 소련군을 신속하게 격퇴하는 상당히 단순한 작전이었다. 하지만 소련군은 쿠르스크 돌출부의 병력을 굉장히 복잡하고 종심 깊은 방어체계 속에 배치했고 그들은 특별히 독일군 공세작전의 선봉에 설 대규모 기갑전력을 하나도 남김없이 분쇄하게끔 조직되었다. 돌출부 자체의 방어선이 여러 겹으로 단단하게 구축되어 있음은 물론, STAVKA(소련군 최고사령부, 원래는 본부라는 뜻을 가진 러시아어–옮긴이)가 그 전에는 보유해본 적이 없는 엄청난 규모의 예비 병력, 즉 예비(스텝) 전구의 병력을 동원할 수 있게 되었기 때문에, 소련은 독일군의 '치타델레' 작전을 저지할 수 있을 뿐만 아니라, 그 이후에는 공세로 전환하게 될 것이라고 낙관적으로 생각했다.

1943년 7월 4일 동부전선 병력 배치 상황도

이 배치 상황도로 치타델레 작전 개시 직전, 쿠르스크 돌출부가 동부전선을 장악하는 데 얼마나 중요했는지를 쉽게 알 수 있다. 이 거대한 쿠르스크 돌출부는 독일군 전선을 향해 돌출해 있었기 때문에 소련이 이곳에서부터 하계공세를 시작하면 독일의 남부집단군을 붕괴시킬 수 있는 아주 좋은 발판을 마련할 수 있었다. 그렇게 되면 소련은 만슈타인 원수의 반격으로 무산된 1942년/1943년 동계작전의 원대한 목표를 달성하게 되는 셈이었다.

이에 대응하여 독일군은 전년도와 같은 규모의 하계작전을 수행하기에는 자원이 부족했기 때문에 쿠르스크 돌출부를 소련군에게 막대한 피해를 입힐 수 있는 기회의 땅으로 보았고, 이를 위해 고전적인 양익포위 전술로 돌출부를 제거하고 그 안에 있는 소련군을 몰살시키려고 했다. 하지만 4월이었다면 일부 병력을 이용하여 신속하고 제한적으로 집행되었을 작전은, 7월 즈음에서야 계기를 맞았고 1943년 7월 5일에 시작되어 유럽 전쟁의 승패를 좌우하는 결정적인 전투로 돌변했다.

전투의 기원

1943년 3월 중순, 라스푸티차(rasputitsa, 러시아에 봄이 오고 있다는 것을 알리는 대규모 해빙을 의미한다)의 시작과 함께 쿠르스크에서 벌어질 대전투의 주사위는 던져졌다. 강들은 기온이 상승하자 눈이 녹은 물이 대량으로 유입되면서 교량조차 견디지 못할 정도로 강한 급류로 넘실댔고, 도로는 진창으로 변해서 사람이나 기계나 모두 움직일 수 없는 상황이 되었다. 우크라이나에서 벌어진 독일군 역공세의 최선봉 부대인 친위기갑군단이 벨고로트(Belgorod) 이북으로 진격하려고 했지만, 그들은 진창의 바다에 빠진 채 허우적대다가 점점 더 강력해진 소련군의 저항에 멈춰서고 말았다. 지쳐버린 독일군과 소련군이 자연이 그들에게 안겨준 일시적 평화를 이용해 겨울 내내 치러야 했던 엄청난 격전의 피로를 풀고 장비를 재정비하는 동안, 앞으로 다가올 따스한 계절에 러시아에서 전쟁을 어떤 식으로 치러야 할 것인가에 관한 계획은 이미 활발하게 진행되고 있었다. STAVKA(소련군 최고사령부)와 OKH(Oberkommando des Heeres: 독일 육군 총사령부—옮긴이)의 작전계획 참모들은 모든 가능성들을 검토했으나, 앞으로 전개하게 될 작전구상에 중대한 영향을 미칠 많은 고려사항 때문에 제약을 받았다.

나치 독일과 소비에트 러시아에게 동부전선의 전쟁은 이제 일종의 균형점에 도달했다. 따라서 양측은 모두 '독일 국방군과 소련의 붉은 군대가 1943년 여름에 치를 무력충돌의 결과가 결국은 동부전선에서 벌어진 전쟁의 최종 결말을 결정하게 될 것이다. 또한 그것은 궁극적으로 유럽에서 추축국과 연합국 간에 전개되고 있는 더 광범위한 전쟁의 결과에 결정적인 영향을 미치게 될 것'이라는 인식에 따라 향후 작전계획을 추진했다.

지난 1941년과 1942년의 두 차례 하계공세에도 독일군은 소련군을 격파하는 데 성공하지 못했다. 사실 1943년 봄이 되자, 독일군 총참모부와 동부전선 사령부의 고위 장교들 사이에는 독일이 소련 군대를 격파하고 동부전선의 전쟁에서 승리할 가능성이 점점 사라지고 있다는 사실을 암묵적으로 받아들이는 분위기가 형성되고 있었다. 이제부터 중요한 문제는 1943년 여름을 위해 국방군이 어떤 형태의 전략을 채택해야만 독일이 패배하는 사태를 막으면서 현재 상황에서 가장 좋은 결과를 끌어낼 수 있는가 하는 것이었다. 이때 최선의 결과란 결국 양측이 서로 비김으로써 소련이 독일과 정치적으로 화해할 수밖에 없도록 하는 것을 의미한다. 소련의 입장에서는 1941년과 1942년의 거의 치명타가 될 뻔한 거대한 독일군 공세에 의한 폭풍이 잠잠해지면서 국가의 생존여부는 더이상 문제가 되지 않았다. 1942년과 1943년 사이의 동계작전을 통해 스탈린이 그렇게 갈망하던 러시아 남부에서의 독일군에 대한 결정적 승리를 결국 달성할 수 없었기 때문에, 1943년 하계전역을 위한 소련군의 전략은 점점 더 강력해지고 있는 소련군의 공격능력을 감당해내는 독일

구데리안은 육군원수 에리히 폰 만슈타인에 대해 "작전가들 중에서 가장 명석한 두뇌를 소유한 사람"이라고 말했는데, 이는 많은 독일군 장병들도 공감하고 있었다. 심지어는 히틀러조차도 만슈타인의 능력에 깊은 존경심을 갖고 있었다. 하지만 폰 만슈타인의 제안, 즉 1943년에는 소련군이 먼저 공세를 취하게 한다음 재정비된 기갑사단과 이미 증명된 독일군의 우수한 기동작전 능력을 결집하여 흩어져 있는 소련군 사단들에게 역공을 가하자는 계획을 거부한 사람이 바로 히틀러였고, 그것은 쿠르스크의 완패라는 직접적인 결과를 초래했다. 쿠르스크 패배의 여파로 폰 만슈타인은 1943년의 나머지 기간 동안 후퇴작전을 능숙하게 수행하면서 보내야만 했다. 1944년 3월, 히틀러는 그를 남부집단군 사령관에서 해임시켰다.(독일연방 문서보관소)

군의 전투역량을 제거하는 쪽에 우선순위를 두었다. 더 나아가 양측 모두 러시아 남부 지역이 동부전선 전체의 운명을 결정지을 주요 무대가 될 것임을 추호도 의심하지 않았다. 중부지역과 북부지역의 그 어느 곳도 남부지역과 견줄 수 있을 정도로 강력한 군사적 · 정치적 · 경제적인 중요성이

하인츠 구데리안 장군은 '치타델레' 작전을 처음부터 반대한 것으로 알려져 있다. 1943년 4월 '기갑병과 감찰감'으로 임명되어 히틀러 '궁정'의 권모술수를 극복하고 기갑부대를 재건시키는 데 성공한 그는 히틀러에게도 이렇게 말했다. "간섭하지 마십시오." 구데리안은 소련이 독일군에게 강요하는 전투의 유형을 고찰한 결과, 스탈린그라드 전투 이후 그토록 정성을 다해 재건과 재정비를 끝낸 기갑사단들을 다시 파괴시켜버릴 수 있는 조건들이 존재하고 있음을 깨달았다. 그는 그 결과로 인해 독일이 전략적 주도권을 상실하게 되고 전쟁의 승패는 소련의 입맛에 맞게 요리될 것이라고 생각했다. (대영제국 전쟁박물관)

없었다. 따라서 러시아 남부의 작전 지도를 뚫어지게 응시했을 독일과 소련 모두가 하리코프 북쪽의 거대한 돌출부에 시선을 고정시키고, 쿠르스크라는 오래된 도시에 관심을 집중시킨 것은 그리 놀라운 일이 아니었다.

소련군 전선으로부터 독일 전선을 향해 마치 주먹처럼 튀어나오고 둘레 길이는 약 400킬로미터이지만 기저부의 폭은 110킬로미터에 불과하며 영국 전체 면적의 절반에 해당하는 이 거대한 돌출부는, 순식간에 STAVKA와 OKH의 차기 작전을 좌우하는 핵심 지역으로 부상했다. 독일과 소련 모두에게 똑같이 이 거대한 돌출부는 너무나 많은 군사적 가능성을 내포하고 있어서, 양군은 각자 계획을 세우고 그것을 실현시키기 위해 노력을 집중했다. 그로 인해 제2차 세계대전 중에 벌어진 대규모 격전 중 하나가 벌어졌으며, 이 전투의 결과는 히틀러가 열망하던 '천년제국'의 꿈을 산산이 부숴뜨렸다.

비록 드네프르(Dnieper) 강을 향해 지나치게 뻗어나온 소련군 전선에 대한 에리히 폰 만슈타인(Erich von Manstein) 원수의 반격이 1943년 2월 말부터 시작되었지만, 이 해의 하계작전이 어떤 형태를 갖추어야 할지에 대한 개략적인 논의는 이미 진행 중이었다. 하지만 히틀러나 OKH, 폰 만슈타인이 고려 대상에 올렸던 여러 방안들은, 지난 2년간의 작전들과 비교했을 때 야심적인 부분이 사라지고 규모가 축소된 것은 분명했다. 비록 라스푸티차(해빙)가 시작되기 직전 독일군의 공세가 소련군에게 커다란 패배를 안겨주어 한동안 남부전구의 주도권을 독일군이 쥐게 되었더라도, 소련의 붉은 군대가 스탈린그라드 전투와 그 결과 초래된 볼가 강 서쪽으로의 돌진을 통해 독일 국방군에게 심각한 손실을 안겨주었다는 사실은 감추기 힘들었다. 1943년 1월에서 3월 사이에 무려 26개 사단이 독일군 전투서열에서 완전히 사려져버렸다는 현실이, 다가온 하계작전에 관한 전략적 고려사항의 형식과 형태를 결정했다. 전력이 어느 정도 회복된 뒤에도 1943년 3월까지 독일 육군은 동부전선에서만 47만 명의 병력이 부족했고, 모든 전선을 전부 고려하면 독일 야전군의 병력은 정규편제보다 70만 명이나 부족했다. 1943년 1월 OKW(Oberkommando der Wehrmacht: 독일 국방군 최고사령부—옮긴이)는 80만 명의 병력 충원을 요구했지만 실제로 동원된 인원은 그 절반에 불과했다. 이는 독일의 인적자원이 상대적으로 고갈되어 나타난 결과로, 이 인적자원의 상당수는 전쟁을 수행하는 데 또 다른 핵심축을 구성하는 군수산업 분야에 징집되었다.

게다가 독일 육군 공격용 무기체계의 주력이자 팽창의 시대에 전승의 핵심적 도구였던 기갑사단의 상황 역시 비참했다. 1943년 초 겨울이 거의 끝나갈 무렵, 동부전선 전역에서 작전 중이던 18개 기갑사단에서는 600대의 전차만이 사용가능했다. 기갑부대에 대한 급격한 전면 정비를 통해 숫자와 효과 면에서 큰 진전을 이뤄내지 못한다면, 러시아에 있는 독일 국방군은 우랄 산맥 너머의 거대한 공장에서 쏟아져나오는 소련의 기갑 전력에 곧 압도당할 처지에 있었다.

히틀러는 이 긴급한 문제를 해결하기 위해 1943년 2월 하인츠 구데리안(Heinz Guderian) 장군을 소환해 그를 '기갑병과 감찰감'으로 임명했다. 그의 임무는 단기간에 기갑병과를 근본적으로 보수하고 개조하는 것이었다. 3월 9일, 총통이 참석한 회의에서 구데리안은 1943년에 동부전선에서 독일군이 모든 공세활동을 중단하고 기갑사단의 전력 증강에 힘써야 한다고 주장했다. 그는 기갑사단의 부활과 강력하고 효과적인 기갑예비대의 창출은 동부전선은 물론 서부전선에서도 독일의 장기적인 생존을 위한 필수조건이라고 보았던 것이다. 기갑 예비전력을 확보하게 된다면, 독일 육군은 1944년에 공세를 재개할 수 있는 능력을 보유하게 될 것이다. 이를 위해 독일군은 1943년 초반에 동부전선에서 전략적 방어 자세를 취해야만 했다.

그런데 문제는 바로 여기에 있었다. 히틀러는 이 시점에서 거대한 군사적 성공을 통해 동맹국을 안심시켜야 할 필요가 있었다. 왜냐하면 동맹국들 중 일부 국가들이 자신이 엉뚱한 말을 타고 있는 것은 아닌지 고민하는 기미를 보이기 시작했기 때문이다. 더 나아가 독일군의 방어적 자세는 터키를 추축국의 편에 서서 전쟁에 참여하도록 유도하는 데도 거의 도움이 되지 않았다. 당시 터키의 추축국 진영 가담은 히틀러의 정치적 목표 중에서 최상위를 차지하고 있었다. 더욱이 전략적 방어라는 군사교리는 이론상으로는 바람직해 보여도 그것을 실질적으로 구현하는 것은 그리 간단하지 않았다. 동계작전에서 입은 엄청난 인명피해 때문에 수동적이고 고정적인 방어 전략은 사실상 불가능했다. 고정된 방어진지를 전부 채우기에는 필요한 사단의 수가 턱없이 부족했다. 그렇다면 점점 더 강해지는 붉은 군대의 힘은 물론, 준비가 끝나는 순간 스탈린이 시작할 소련군의 하계공세에 어떤 식으로 대처해야 하는가? 폰 만슈타인의 견해에 따르면, 동부전선에서 독일군의 유일한 생명줄은 '탄력적' 방어작전에 있었다. 그것은 독일군 지휘부를 구성하는 참모들의 탁월한 전문성과, 질적 우월성에서 의문의 여지가 없는 전투 병력의 능력을 남김없이 발휘하게 만드는 전술이었다. 무엇보다 이 개념은 여러 차례에 걸쳐 증명된 독일군의 우수한 기동전 능력을 최대한 살려주는 작전의 전개 여하에 달려 있었다. 이런 전술만이 국지전적 성격을 띤 소련군의 강력한 공격에 대처할 수 있는 방법이었는데, 그렇게 하다 보면 그들의 전력을 결정적인 수준까지 떨어뜨릴 수도 있었다(맨 먼저 포로의 감소 형태로 나타난다). 하지만 폰 만슈타인의 작전개념에도 독일군이 소련군에게 강력한 반격을 가할 수 있는 시간이 얼마 남지 않았다는 단서조항이 있었다. 독일군은 소련군의 전력이 압도적으로 우월해져, 더는 독일군이 어떻게 해볼 도리가 없어지기 전에 빠른 시일 내에 공세를 취할 필요가 있었다. 게다가 북아프리카의 튀니지 전선에서는 추축국의 붕괴가 임박했고, 그 결과로 연합군의 남부유럽 침공이 예상되고 있었다. 독일 국방군의 상당부분이 동부전선에 동원되어 있었기 때문에 그와 같은 연합군의 침공이 시작된다면 히틀러가 병력을 차출하게 될 곳은 이미 과중한 압박에 시달리고 있는 바로 그 동부전선이 될 수밖에 없었다. 따라서 시간이 관건이었다. 아무리 잘 봐줘도 독일군에게는 몇 달이라는 시간밖에 여유가 없었다. 우중충한 봄이 지나고 동부전선의 건기가 시작되면 독일군은 붉은 군대에게 치명적인 패배를 안겨주어야만 했고, 그것도 연합군의 엄청난 병력이 유럽 본토에 모습을 드러내 동부전선의 작전에 좋지 않은 영향력을 행사하기 전에 끝내야만 했다.

3월 중순에 원칙적으로 결정이 내려졌다. 히틀러는 다른 모든 가능성들을 거부하고, 날씨가 좋아지면 곧바로 '치타델레' 작전, 즉 소련군의 돌출부에 대한 중부집단군과 남부집단군의 협동공격을 시작하기로 결정했다. 고전적인 양익포위 전술로 돌출부는 제거될 것이고, 그 속에 있던 적군도 모두 사멸하게 될 것이다. 가정이기는 하지만 이 작전이 성공한다면 더 많은 성과를 얻을 수도 있었다. 소련군 부대의 파멸, 특히 기갑부대의 소멸은 다가올 소련군의 하계공세를 현저히 약화시키고, 포위망 속에서 사로잡힌 포로들은 독일로 이송되어 노예 노동자로서 독일의 전쟁 경제에 이바지하게 될 것이다. 그리고 히틀러는 그와 같은 신속한 승리가 마음이 흔들리고 있는 동맹국들에게 독일군이 아직도 전쟁에서 승리할 수 있는 능력이 있음을 보여주고, 더 나아가 터키가 마침내 추축국의 편에서 전쟁에 참전하게 만들 것이라고 믿었다. 성공적인 공세의 여파로 전선은 일직선으로 단축되고, 사단들을 방어선에 더욱 경제적으로 배치할 수 있게 될 것이다. 그 결과 방어임무에서 풀려난 사단들은 예비대를 형성하여, 만약 필요하다면 연합군의 남부유럽 침공에 대응전력으로 활용할 수 있게 된다. 더 나아가 신속하게 공격을 함으로써 귀중한 기갑부대의 전력을 아끼게 되고 미래를 위해 그들을 보존할 수 있게 된다. 4월 15일, 치타델레 작전을 위한 근거와 구상이 작전명령 6호로 구체화되었다. 그 문서를 읽은 사람이라면 누구라도 작전이 반드시 성공해야 한다는 것과 그러기 위해서는 신속한 집행이 가장 중요한 요소라는 점을 확실히 인식할 수 있었다.

실제로 그것이 달성되지 못했다는 사실—계속된 연기로 봄이 지났고 1943년 여름도 어느덧 절정기에 이르렀다—은 대부분 그 책임이 히틀러에게 돌아갔고, 그가 앞으로 벌어질 사건들에 결정적 역할을 했다는 추측을 낳았다. 하지만 치타델레 작전의 실패는 1943년 7월 독일군 전차들이 마침내 공격개시선을 넘기 몇 달 전에 모스크바에서 내린 결정으로 이미 돌이킬 수 없는 것이 되었다.

소련군의 입장에서 보면, 독일군이 1943년 초반에 공세를 취할 것이라는 명확한 암시들이 3월 해빙과 함께 이미 드러나고 있었다. 독일군의 강력한 부대들, 특히 기갑사단과 차량화보병사단들이 쿠르스크 돌출부의 북쪽과 남쪽 목 부위에 배치되었다는 사실은 양 측면에서 중앙을 향해 집중공격을 하여 돌출부를 제거하겠다는 독일군의 의도를 알려주고 있었다. 스탈린은 이와 같은 독일군의 작전계획 의도를 판단하기 위해 그와 관련된 엄청난 증거들을 입수했고, 그것들은 주로 스위스에 근거지를 두고 있던 소련 스파이 '루시(Lucy)'의 보고서에 담겨 있었다. 루시는 거의 매일 독일 국방군 최고사령부가 생각하고 있는 내용을 입수했다. 따라서 4월 초부터 스탈린은 히틀러의 작전명령 6호(암호명 치타델레)의 내용을 파악하고 있었다. 그것은 4월 15일 날짜로 문서화되어 단 13부만이 배포되었으며 선임 지휘관들조차 열람만이 가능한 비밀이었는데도 말이다. 또 다른 정보원은 루시의 정보에 담긴 내용들을 확인시켜주었다. 3월 말에 영국이 모스크바 주재 군사사절단을 통해 쿠르스크 돌출부를 공격하려는 독일군의 의도가 담긴 정보를 전달해주었던 것이다. 하지만 영국이 러시아에게 알리지 않은 부분이 있었다. 그것은 그 정보가 독일 공군의 '에니그마(Enigma)' 암호 통신문에서 나왔으며, 영국 블레츨리 공원에 소재한 비밀기관의 울트라(Ultra) 프로젝트팀이 그것을 읽고 해독할 수 있는 능력을 갖고 있다는 사실이었다.

4월 초, 주코프(Zhukov) 원수는 스탈린에게 두툼한 보고서를 제출했으며, 이것은 3월 말에 독일군 참모본부가 재편한 독일군 일선부대와 예비부대의 배치 상태에 관한 광범위한 정찰활동 결과를 종합한 것이었다. 주코프는 작전 방향을 권고하기에 앞서 이론적 근거를 제시하며 독일군이 쿠르스크 돌출부를 향해 공세작전을 펼칠 것이라고 주장했는데, 그것은 독일군이 사용했던 논리와 거의 비슷했다. 하지만 그는 소련군이 먼저 공세로 나가 독일군에게 선수를 치는 전략은 현명하지 않다고 결론을 내렸다. 그의 결론에 따르면, 그보다 더 좋은 전략은 "방어작전을 전개하여 독일군 병력을 고갈시키고 전차를 파괴한 뒤, 전력이 막강한 아군 예비대를 동원하여 전면적인 공세로 전환하는 것이다. 그러면 우리는 적의 주요 부대조직을 와해시킬 수 있을 것이다." 전략의 취지는 이어서 4월 12일 저녁 스탈린이 참석한 대규모 STAVKA 회의에서 발표되었다. 주코프의 회고에 따르면, "스탈린은 그 어느 때보다 진지하게 경청했다"고 하며, 회의가 끝날 무렵에는 독일군 '치타델레' 작전의 운명을 결정하게 될 근본적인 전략적 결론에 도달했다. STAVKA가 계획한 공세전략은 히틀러와 그의 장군들이 상당히 정확하게 그 가능성을 예측하고 있었지만 폐기되었다. 스탈린은 주코프를 비롯한 전구 사령관들이 주장한 방안에 동의했다. 그것은

독일군이 공세로 나오게 유도하고, 계획적인 방어전을 통해 그것을 분쇄하며, 이때 독일 기갑전력을 괴멸시키는 것을 핵심 목표로 삼고 있었다. 쿠르스크 돌출부를 하나의 거대한 요새로 만들라는 STAVKA의 명령이 하

달되자, 소련 장성들 중에 격렬하고 잔인한 전투가 다가오고 있다는 사실
에 의문을 품은 사람은 단 한 명도 없었다. 나치 독일에 대항하는 전쟁에
서 결정적인 순간이 마침내 도래하게 된 것이다.

| 양측 지휘관 |

:: 소련군 지휘관

스탈린그라드 전투의 여파로 소련군의 자신감은 크게 치솟았다. 3월에 하리코프에서 패전당했는데도 소련군 사이에는 전세가 독일 침략자들에게 불리하게 역전되었을 뿐만 아니라 이제 승리가 확실해졌다는 인식이 강하게 퍼지고 있었다. 그와 같은 자신감은 독일군을 상대로 의도적인 방어전투를 선택한 결정에서도 분명하게 나타난다. 이렇게 극명한 자신감의 회

니콜라이 바투틴(Nikolai Vatutin)은 보로네슈 전구 사령관으로 그의 부대는 독일군 남부집단군의 공세를 흡수했다. 독일의 침공이 시작된 뒤 북서전구 참모장으로 복무했으며, 1942년 5월부터 7월까지 총참모부의 참모차장을 역임하면서 STAVKA의 대리인으로 브리안스크 전구에 파견되어 활동하다가 같은 해 7월, 보로네슈 전구 사령관에 임명되었다. 스탈린그라드 전투에서는 남서전구를 지휘했으며, 1943년 3월에 다시 보로네슈 전구 사령관으로 복귀했다. 이 사진에서는 장차 소련 최고지도자가 될 니키타 흐루시초프(Nikita Khrushchev)의 모습도 보이는데, 당시 그는 보로네슈 전구 군사위원회 위원이었으며 전투에서 상당한 영향력을 행사했다. 흐루시초프의 외모는 상당히 명랑해 보이나 그 속에는 언제든 필요하면 스탈린의 정치적 대리인으로서 자신의 권력을 휘두를 수 있는 무자비한 능력과 의지가 숨어 있었고, 독일군의 압력으로 소련군 부대들 사이에 공황상태가 발생했던 전투 중에 적어도 두 번은 그런 모습을 분명하게 드러냈다.(노보스티 통신사)

복에서 결코 무시할 수 없는 요인 중 하나는 새로운 계층의 고위 장교들, 즉 엘리트 군인들의 출현인데, 이들은 전쟁을 통해 자신의 능력을 증명했다.

이런 인물들의 최정점에는 게오르기 콘스탄티노비치 주코프(Georgi Konstantinovich Zhukov)가 있다. 그는 1943년 1월 소비에트연방 원수로 진급했으며 중단없는 일련의 승리를 자신의 무공에 남겼는데, 그것은 일본 관동군을 격파했던 1939년 할힌골(Khalkhin Gol, 또는 노모한) 전투까지 거슬러 올라간다. 그는 1941년에는 레닌그라드와 모스크바 전선에서 그리고 1942년에는 스탈린그라드에서 독일군을 제압했고, 이제 쿠르스크에서도 같은 일을 수행하려 하고 있었다. 한편 그는 일종의 교사로서 군사적 재능을 갖춘 인재 발굴에도 관심을 돌려 의욕과 장래성이 있는

콘스탄틴 콘스탄티노비치 로코소프스키(Konstantin Konstantinovich Rokossovsky)는 소련 중부전구 사령관으로 쿠르스크 전투에서 모델이 지휘하는 독일군 9군을 저지하는 임무를 수행했다. 그 후 여러 전구의 사령관을 역임하다 종전을 맞이했다. 전후에는 국방부 차관과 감찰감을 역임했다. 한편 폴란드 태생이기 때문에, 1949년부터 1956년까지는 폴란드 국방장관직을 수행했다.(노보스티 통신사)

많은 장성들의 후견인 역할을 하기도 했는데, 그들 중 일부는 쿠르스크에서 복무했고 빠르게 진급했다.

이들 중 우리의 주제에서 가장 의미가 있는 인물이 바투틴(Vatutin), 로코소프스키(Rokossovsky), 코네프(Konev), 이 삼인방이다. 세 사람 모두 1942년 러시아 남부에서 벌어진 격렬한 전투에 참가했다. 주코프도 스탈

육군원수 이반 스테파노비치 코네프(Ivan Stepanovich Konev)는 1943년 7월 10일 스텝 전구로 명칭이 바뀐 스텝 군관구 사령관이었다. 그는 STAVKA가 집결한 최대 규모의 단일 예비대를 책임지고 있었다. 이후 전쟁 기간 동안 여러 전구 사령관을 역임했다. 그 중에는 제1우크라이나 전구도 포함되는데, 바로 이 부대가 베를린을 점령했다. 종전 후에도 군대의 각종 보직을 역임했는데, 소련 지상군 최고사령관도 그 중 하나이다.(노보스티 통신사)

린과 마찬가지로 특히 바투틴의 재능을 높이 샀다. 독일군의 공세에 수세적으로 임해야 한다고 처음부터 강력하게 주장한 인물이 바로 바투틴이며, 결국 나중에 주코프도 그의 주장에 논리적인 근거를 직접 뒷받침해주었다. 로코소프스키는 붉은 군대에서는 흔하지 않게 군부 숙청 기간에 NKVD(Narodnyi Komissariat Vnutrennikh Del: 내무 인민위원회, KGB의 전신이다—옮긴이) 감옥에서 3년을 버티고 살아남은 인물로, 감옥에 있는 동안 이빨 몇 개만이 빠졌을 뿐이다. 그는 1940년 3월 소련이 핀란드를 침공한 겨울전쟁(Winter War) 덕분에 석방되었다. 그의 재능은 스탈린의 눈에도 띄었고, 그 결과 스탈린은 그의 석방을 지시하게 되었다. 그는 모스크바 반격 작전에서 심한 부상을 입고 1942년 9월까지 일선에 복귀하지 못하다가 그 이후 돈(Don) 전구 사령관을 맡았다. 이반 코네프는 1943년 6월 스텝 군관구 사령관에 임명되었는데, 그 역시 앞선 2년간의 전쟁을 치른 베테랑이었다. 쿠르스크 전투가 끝나고 1944년 초에 바투틴은 우크라이나 민족주의자에게 살해당하지만, 다른 두 사람은 진급을 거듭해 결국 소비에트연방 원수의 지위에 오른다. 독일 육군이 자신의 가장 능력 있는 '자식'과 싸움을 붙이려는 인물이 바로 이들 소련의 '신예' 장성들이었다.

: : 독일군 지휘관

치타델레 작전에 참가한 독일군 중 가장 두드러진 인물은 육군원수 에리히 폰 만슈타인으로 많은 사람들이 그를 제2차 세계대전에 등장한 위대한 전략가 중 한 명으로 꼽는다. 그는 기갑부대 전투에 관한 한 명성에 한 점의 오점도 없었으며, 1940년 프랑스 침공 계획을 입안했고, '바르바로사(Barbarossa)' 작전의 초기 단계에서는 56기갑군단의 눈부신 진격을 이끌었다. 1943년 7월에는 남부 집단군 사령관이었는데, 그는 이 부대가 1942년 11월 돈 집단군일 때부터 그 직책을 수행했다. 비록 치타델레 작전의 기원은 그가 히틀러에게 하계전역(戰役)의 수행에 대해 제안했던 내용에서 태동했고 하리코프에서 그가 수행한 반격이 성공을 거두었기 때문에 고무되었지만, 작전이 계속해서 연기되자 그는 점점 작전에 대해 회의를 갖게 되었다. 그럼에도 불구하고 그는 구데리안처럼 드러내놓고 반대의견을 제시하지는 않았으며, 구데리안이 훗날 술회한 바와 같이 히틀러 면전에서는 자신의

헤르만 호트 상급대장은 가냘픈 신체와 은발의 머리를 지녔고, 부하들은 그를 일종의 애정을 담아 '호트 아빠(Papa Hoth)'라고 불렀다. 원래는 보병으로서 1차 세계대전 중에는 총참모부에 근무했으며, 이어 제국군(Reichswehr)에 복무하다가 1935년, 많은 장교들이 초고속으로 진급하기 시작했을 때 그 첫 번째 수혜자가 된다. 보병에서 기갑병과로 전과하여 폴란드 전투에서는 15기갑군단을 지휘했다. 그의 군단은 프랑스 전투에서 1940년 5월 13일 최초로 뫼즈 강을 도하하기도 했다. 바르바로사 작전에서는 중부집단군 소속 3기갑집단을 지휘했다. 1942년 하계전역 시기부터 4기갑군을 지휘하다 1943년 11월 히틀러에 의해 해임되었다.(독일연방 문서보관소)

육군원수 귄터 폰 클루게는 치타델레 작전에서 중부집단군 사령관이었다. 바르바로사 작전에서는 4군을 지휘하여 모스크바 진격에 참여했고, 1941년 12월 19일 중부집단군 사령관에 임명되었다. 구데리안과 불편한 관계에 있었으며, 이러한 관계는 바르바로사 작전의 여파로 더욱 악화되어 모스크바 전방에서 소련군의 반격이 열기를 더해가는 동안 그 정점에 도달했다. 폰 클루게는 자기이든 당시 2기갑군을 지휘하고 있던 구데리안이든 둘 중 하나가 사라져야 한다는 말까지 했다. 그 결과 12월 25일 구데리안은 기갑군 사령관 직위에서 해임되었다. 1942년 전반에 그리고 특히 1942년에서 1943년에 걸친 동계 기간에 중부집단군은 수차례의 격렬한 방어전을 수행했다. 폰 클루게는 1944년 노르망디의 독일군 사령관 직위에서 해임된 뒤 자살했다.(독일연방 문서보관소)

의견을 소신껏 주장하지도 않았다.

만슈타인이 돌출부의 남부구역에서 중임을 수행하는 동안 그의 동반자가 될 인물은 헤르만 호트(Hermann Hoth)였다. 그는 1942년 6월부터 4기갑군 사령관을 맡았으며 1943년 11월 히틀러에게 해임될 때까지 그곳에서 근무했다. 그는 대단히 경험이 많은 기갑부대 지휘관으로서 바르바로사 작전 때는 기갑집단(Panzer Group)을 지휘하며 1941년에 있었던 수차례의 포위공격에 참여했다. 그 역시 치타델레 작전에 대한 만슈타인의 의구심에 상당 부분 공감하고 있었지만, 그럼에도 불구하고 주어진 상황에서 성공의 확률을 극대화하기 위해 최선을 다했다.

표면적으로는 돌출부 북부구역 공격의 최고 지휘관이 육군원수 귄터 폰 클루게(Günther von Kluge)였지만 활약이 그리 눈에 띄지 않았고, 그 대신 예하 부대장인 9군 사령관 발터 모델(Walther Model)이 전면에서 활약했다. 이는 히틀러가 모델을 신임했다는 사실뿐만 아니라 클루게에게 공세에 대한 열정이 부족했다는 사실을 반영한다. 하지만 클루게는 자신이 품고 있는 의구심을 공개적으로 밝혀야 하는 순간에 항상 주저했기 때문에 양면적인 인물로 낙인찍히게 된다.

모델은 눈부시게 부각된 인물이다. 바르바로사 작전 시작 때는 사단장이었지만 방어전에 대한 탁월한 능력과 친나치적 성향 덕분에 히틀러의 주목을 받았다. 대단히 현실적인 관점에서 보면 치타델레 작전은 모델의 전투였다. 그는 소련군 방어진지의 강력함이 확실하게 드러날 때마다 더 많은 기갑부대를 모아야 한다고 요청했고, 그 결과 계속해서 작전은 연기되었다. 모델 자신의 전력이 증강되는 동안 그 효과는 다른 쪽에 있는 소련군의 방어태세 강화로 상쇄되어버렸고, 양측의 전력은 일찍이 경험해본 적이 없는 수준에 도달했다.

상급대장 발터 모델도 1938년에는 소장에 불과했고 바르바로사 작전에서도 3기갑사단을 지휘했다. 명성이 높아짐에 따라 그는 1942년 1월 12일 9군 사령관에 임명되었고, 동계 기간에 르제프(Rzhev) 탈환을 시도하던 소련군에 대해 성공적인 방어전을 수행했다. 1942년 전반에 걸쳐 연속적으로 돌출부를 방어해냈고 이어서 1943년 '버팔로' 작전(Operation Buffalo)을 통해 르제프 돌출부에서 모든 부대를 무사히 탈출시키는 데 성공하여 방어전 전문가라는 명성을 얻게 되었다. 쿠르스크 전투 이후 히틀러는 모델의 방어 기술에 점점 더 많이 의존하게 되었다. 그는 1944년 3월 1일 육군원수로 진급했다. 비록 그는 '총통의 소방수'라고 불렸지만, 1944년 8월 연합군이 노르망디 교두보를 돌파하지 못하도록 저지하는 데 실패했으며, 1945년 4월 루르 포켓(Ruhr pocket) 전투 후 자살했다.(독일연방 문서보관소)

양측 부대

∷ 독일 육군

7월 5일, 치타델레 작전이 시작되기 전에 소강상태가 지속되면서 독일군은 이전에 동부전선에서는 본 적이 없는 수준의 공격 준비태세를 갖출 수 있었다. 하지만 독일군의 전투서열에는 약점이 있었고, 그것은 독일군의 작전 수행에 상당한 영향을 미치게 된다.

이 약점들 중 가장 중요한 사항은 가용한 보병사단 수의 감소와 그에 따른 보병 병력의 감소였다. 동계작전 중 입은 손실로 보병사단들의 대대 수는 9개에서 6개로 줄었다. 1943년이 되면, 1939년 편제표를 기준으로

바르바로사 작전 초기에 독일 국방군이 기술적으로 더 우월한 소련군의 T-34와 KV-1 전차를 상대한 후, 즉시 설계와 생산을 결정한 판터 전차는 전장에 있는 독일군에게 기술적 우위를 제공해줄 것으로 기대되었다. 이 전차는 장갑과 무장을 충실히 갖추고 있었으며, 고속으로 포탄을 발사하는 전차포는 모든 소련이나 연합군 전차를 원거리에서 격파할 수 있었다. 이것들이 10전차여단에 집중적으로 배치됨으로써 치타델레 작전에서 승리를 가져다줄 것이라는 기대는 불운과 이 전차가 너무 빨리 일선에 배치됨으로써 실망으로 바뀌었다. 여단의 정비사들이 구동 계통의 문제를 해결하기 위해 여전히 골머리를 썩고 있던 바로 그 순간에도 이 전차는 기차에 실려 전선으로 이동하고 있었다.(독일연방 문서보관소)

'그로스도이칠란트' 사단의 보병은 자신이 운반하는 MG 42 기관총과 탄띠의 무게에 짓눌려 쿠르스크 전투 초기에 독일군 진격을 따라잡는 데 무척이나 고생을 해야 했다. 오른팔 소매에 사단 이름이 쓰인 'GD' 커프밴드와 어깨에 있는 기장에 주목하기 바란다.

1943년 7월 1일 독일군 전투서열

중부집단군 육군원수 폰 클루게

9군 상급대장 모델

20군단

육군대장 폰 로만 남작

45보병사단 육군소장 폰 팔켄슈타인 남작

72보병사단 육군중장 뮐러-게브하르트

137보병사단 육군중장 카메케

251보병사단 육군소장 펠츠만

46기갑군단

육군대장 초른

7보병사단 육군중장 폰 라파르트

31보병사단 육군중장 호스바흐

258보병사단 육군중장 호커

47기갑군단

육군대장 레멜젠

2기갑사단 육군중장 루베

6보병사단 육군중장 그로스만

9기갑사단 육군중장 셸러

20기갑사단 육군소장 본 케셀

41기갑군단

육군대장 하르페

18기갑사단 육군소장 폰 슐리벤

86보병사단 육군중장 바이트링

292보병사단 육군중장 폰 클루게(귄터 폰 클루게와는 다른 인물임-옮긴이)

23군단

육군대장 프라이스너

78돌격사단 육군중장 트라우트

216보병사단 육군소장 샤크

383보병사단 육군소장 호프마이스터

6항공함대

공군상급대장 그라임

1항공사단 공군중장 다이히만

남부집단군 육군원수 폰 만슈타인

켐프 특수임무군 육군대장 켐프

4기갑군 육군상급대장 호트

11군단

육군대장 라우스

106보병사단 육군중장 포르스트

320보병사단 육군소장 포스텔

42군단

육군대장 마텐클로트

39보병사단 육군중장 로엔베네크

161보병사단 육군중장 레케

282보병사단 육군소장 콜러

2친위기갑군단

친위대장 하우저

1친위기계화보병사단 '라이프스탄다르테 아돌프 히틀러' 친위소장 비슈

2친위기계화보병사단 '다스 라이히' 친위중장 크루거

3친위기계화보병사단 '토텐코프' 친위소장 프리스

3기갑군단

육군대장 브라이트

6기갑사단 육군소장 폰 훈너스도르프

7기갑사단 육군중장 폰 푼크 남작

19기갑사단 육군중장 G. 슈미트

168보병사단 육군소장 샤를 드 볼리우

48기갑군단

육군대장 폰 크노벨스도르프

3기갑사단 육군중장 베스트호벤

11기갑사단 육군소장 미클

167보병사단 육군중장 트리렌베르크

기계화보병사단 '그로스도이칠란트' 육군중장 회른라인

52군단

육군대장 오트

57보병사단 육군소장 프레터-피코

255보병사단 육군중장 포페

332보병사단 육군중장 샤에퍼

4항공함대

공군대장 데스로흐

1만 7,734명의 사단병력이 1만 2,772명으로 감소하게 된다. 독일군이 보유한 강력한 화력에도 불구하고 보병의 부족으로 정상적인 상태라면 보병사단이 수행할 임무를 기갑사단이 직접 처리해야 했다. 그런데도 독일군은 치타델레 작전에 23개 보병사단을 할당했다.

히틀러가 치타델레 작전에 지속적으로 전념했던 것은 궁극적으로 전차부대의 위력과 충격력이 독일에게 승리를 가져다주리라고 판단했기 때문이다. 실제로 치타델레 작전에서 국지적 공세에 일찍이 배치된 적이 없는 거대한 기갑전력이 집중된 것을 목격하게 된다. 불과 2년 전, 히틀러는 소련을 침공하면서 총 1,500킬로미터에 달하는 전선에 전차 3,332대를 배치했었다. 반면 치타델레 작전의 경우, 그는 폭 100킬로미터에 불과한 전선에 전차 2,700대와 돌격포를 배치했고, 게다가 독일 육군은 바르바로사 작전 이래 처음으로 소련군보다 더 성능이 뛰어난 전차들을 보유하게 되었다. 군수장비 생산부문의 초인적인 노력과 다른 전선에 배치될 전차의 무자비한 삭감 덕분에 동부전선에서 '전투 가능한' 모든 전차의 63퍼센트가 폰 만슈타인과 폰 클루게에게 할당되었다. 신형 전차 1,850대에다가 돌격포 533대, 그리고 구식 전차 200대가 사단에 배속되어 임무를 수행했다. 이들은 16개 기갑사단과 기계화보병사단 그리고 돌격포여단에 분배되었다.

이론적으로 1943년도에 1개 기갑사단은 편제상으로 150~200대 기갑장비를 갖춘 1만 5,600명 병력을 보유했는데, 그 기갑전력은 2개 혹은 3개 대대로 구성된 1개 전차연대, 1개 기계화보병여단, 1개 포병연대, 사단전투지원부대들로 조직되었다. 하지만 실질적으로 기갑사단들의 규모와 전력에는 큰 차이가 있었다. 쿠르스크 전투에서 육군 기갑사단들은 실제로는 기갑장비 73대만을 보유하고 있었다. 전투에 참가한 가장 강력한 기갑부대는 2친위기갑군단 예하의 3개 무장친위대 기계화보병사단과 육군 정예부대인 기계화보병사단 '그로스도이칠란트(Grossdeutschland)'였다. 7

월 5일에 '라이프스탄다르테 아돌프 히틀러(Leibstandarte Adolf Hilter)'와 '다스 라이히(Das Reich)', '토텐코프(Totenkopf)' 사단은 각각 평균 전차 131대와 돌격포 35대를, '그로스도이칠란트' 사단은 전차 160대와 돌격 포 35대를 보유하고 있었다. 쿠르스크 전투에 투입된 전차의 대부분은 3호 전차와 4호 전차 개량형들이었지만, 히틀러는 승리에 대한 기대를 티거 (Tiger) 1형과 판터(Panther) 전차 그리고 페르디난트(Ferdinand) 구축전차 에 걸었다. 티거는 동부전선에서 이미 무시무시한 명성을 얻은 상태였다. 3개 무장친위대 기갑사단과 정예 '그로스도이칠란트' 사단은 사단 직할 티거 전차중대를 보유하고 있었는데, 이것과는 별개로 티거는 특별 중전 차대대를 구성하는 데 할당되었고, 이 중전차대대들은 필요할 때마다 다 른 부대와 함께 작전을 하도록 파견되었다. 판터는 성능이 검증되지 않은 상태였지만 많은 기대를 받았다. 소련군의 뛰어난 T-34와 KV-1에 대응하 기 위해 설계된 이 전차는 동부에서 전차부대의 기술적 우위를 회복시켜 야 했다. 서류상으로는 당시 알려져 있던 소련의 모든 장갑차량에 대응할

'페르디난트'(설계자인 페르디난트 포르쉐 박사의 이름을 땄다)는 중형 구축전차이다. 티거 전차용으로 설계했다가 채택되지 않았던 차체를 이용해 만든 이 자체추진 88밀리미터 Pak43 (L/71) 대전차포 90대는 쿠르스크에서 실전을 경험했는데, 오직 9군에만 배치되었다. 사진의 구축전차는 노악(Noak) 소령의 654구축전차대대 3중대 소속이다. 그의 대대에 소속된 차량들은 운전수 자리의 정면 장갑판 위에 흰색 'N' 기호를 표시했다.(M. Jaugitz)

수 있다고 되어 있었지만 너무나 빨리 전장에 투입되었다. 히틀러는 쿠르스크 공세에 이 전차를 몹시도 투입하고 싶어했기 때문에 구데리안의 반대를 묵살하고 이 전차를 최초 시연과정에서 드러난 문제들을 해결하기도 전에 배치했다. 그러나 판터의 사용을 확실하게 하기 위해서 쿠르스크 공세 일자를 지연해야 했다. 7월 5일 무렵, 판터는 그로스도이칠란트 사단의 1대대를 비롯해 추가로 육군 2개 전차대대를 무장시킬 수 있을 만큼 충분했다. 이 2개 전차대대는 10전차여단 소속으로 총 200대의 판터 전차를 보유하도록 되어 있었다. 일부 판터는 무장친위대 사단과 함께 작전에 투입되었다. 판터는 엄청난 잠재력을 갖도록 설계되었지만 쿠르스크에서는 실망스러운 결과를 안겨주었다.

실현되지 못한 꿈에 대한 또 다른 이야기가 페르디난트 구축전차의 등장과 함께 나오는데, 이 페르디난트 구축전차는 9군과 함께 전투에 참가했다. 겉보기에는 인상적이고 강력한 88밀리미터 대포를 장착했지만, 구데리안은 설계가 지나치게 복잡하고 근접방어를 위한 기관총이 한 정도

쿠르스크에 처음으로 배치된 '브룸배어'는 두꺼운 장갑을 갖춘 자주포로 적의 요새를 파괴할 목적으로 설계되었다. 150밀리미터 돌격곡사포 L/12를 장착했는데, 이 포는 38킬로그램의 포탄을 발사했다. 스탈린그라드의 시가전 경험을 바탕으로 설계한 브룸배어의 사진은 거의 남아 있지 않다. 이 사진에 등장한 브룸배어는 9군의 216전차대대에서 임무를 수행했다.(M. Jaugitz)

없다고 혹평했다. 90대를 발주하여 656구축전차연대의 2개 대대를 구성했다. 포탑이 없는 돌격포는 전차보다 생산이 쉽고 가격도 저렴했기 때문에 일선에 배치되는 수가 점점 늘어났다. 원래는 보병지원용으로 설계되었지만, 1943년에는 주로 구축전차로 활용되었고, 총 533대가 기갑사단과 독립 돌격포여단에 배치되었다. 이와 더불어 일련의 신형 차량들이 등장하는데, 그 중 일부 신형 차량 역시 쿠르스크가 데뷔 무대였다. 그들 중 하나가 '브룸배어(Brummbär, 회색곰)'로, 육중한 장갑을 갖춘 이 보병돌격포는 4호 전차의 차대 위에 150밀리미터 곡사포를 장착한 형태였다. 66대를 주문하여 모델의 9군에 배속되어 있는 216돌격전차대대에 배치했다. 88밀리미터 PaK 43/1(L/71) 대전차포로 무장한 '나스호른(Nashorn)'이나 '훔멜(Hummel)', '베스페(Wespe)' 자주포도 처음으로 전선에 대규모 배치되었다.

∷ 독일 공군

이와 같이 강력한 기계화 방진을 지원하기 위해 독일 공군은 비행기 1,800대를 집결시켰고, 이것은 동부전선에서 사용가능한 항공 전력의 3분의 2에 해당했다. 9군을 지원하기 위해 4항공함대의 1항공사단을 배정했고, 동시에 6항공함대 전체가 남부집단군의 돌격을 지원했다. 오렐(Orel)과 벨고로트(Belgorod), 하리코프의 비행장에는 3·27·55폭격기비행단에 소속된 하인켈(Heinkel) He 111 및 융커스(Junkers) Ju 88기들을 비롯해, 3·51·52·54전투비행단 소속의 포케불프(Focke-Wulf) Fw 190A-5와 메서슈미트(Messerschmitt) Bf 109G-6들이 몰려 있었다. 비록 소련 공군이 크게 성장했지만 독일 공군은 전투기의 질이나 조종사의 기량에서 아직 우위를 지키고 있었다. 특히 중요한 사항은 대지공격비행단(Schlachtgeschwader)이 보유한 Fw 190과 헨셀(Henschel) Hs 129가 최초로 그리고 집단적으로

〈위〉 1대지공격비행단의 헨셀 Hs 129B-2/R2 대지공격기 및 대전차공격기는 4기갑군의 작전을 지원하면서 대활약을 한다. 사진은 이 기종의 무장을 확실하게 보여준다. 기수에는 7.92밀리미터 기관총 2정과 20밀리미터 캐논 2문이 장착되어 있다. 하지만 더 중요한 무기는 30밀리미터 Mk 101 캐논으로, 이것은 동체 밑에 있는 곤돌라에 장착되어 있다. 헨셀은 다른 지상공격용 항공기들과 합동으로 소련군을 아주 심하게 괴롭혔는데, 초기 친위기갑군단의 '신속한' 진격 단계에서 특히 심했다.(독일연방 문서보관소)

〈아래〉 치타델레 작전은 전설적인 슈투카 폭격기들이 고전적인 급강하폭격 임무를 광범위하게 수행한 마지막 무대가 되었다. 오랜 경험을 통해 슈투카는 독일 공군이 제공권을 유지할 수 있는 경우에만 효과를 발휘한다는 사실이 밝혀졌다. 하지만 쿠르스크에서는 소련 공군의 전력도 대단히 강했고, 속도가 느린 Ju-87은 앉아 있는 오리처럼 전투기에게 쉬운 표적이 되어 쿠르스크 전투가 진행되는 동안 많이 파괴되었다. 치타델레 작전 이후 급강하폭격은 폐지되고 모든 급강하폭격기들은 대지공격비행단에 편입되어 저공 대지공격에 사용되었다.(독일연방 문서보관소)

독일 기갑부대

치타델레 작전 기간의 기갑전력. 이 표는 사단의 전력보고서에 근거를 두고 작성한 것이다. 따라서 관련 사단의 실제 전력을 나타낸다고 볼 수는 없다.

	전차			
	6호	4/5호	3호	기타 유형
중부집단군				
9군				
2기갑사단		60	38	38구형(1)
4기갑사단		52	40	16구형(1)
9기갑사단		64	30	17구형(1)
12기갑사단		35	20	30구형(1)
18기갑사단		20	12	43구형(1)
20기갑사단		40	20	25구형(1)
21전차여단				
216전차대대				66브룸배어(2)
505전차대대	45(3)			80bs
656구축전차연대				
653구축전차대대				45페르디난트, 10구형(1)
654구축전차대대	5			45페르디난트, 5구형(1)
177 · 185 · 189 ·				250Stug 3호
244 · 245 · 904 ·				
909 돌격포대대				
2군				
202 · 559 · 616 자주포대대				100AG와 AT

	전차			
	6호	4/5호	3호	기타 유형
남부집단군				
4기갑군				
3기갑사단		33	30	2AG, 39구형(1)
11기갑사단		48	50	20구형, 3Flam
'GD' 기계화보병사단	14	100	20	35AG, 12구형(1), 14Flam
1친위기계화보병사단	13	85	12	35AG, 7구형(1)
2친위기계화보병사단	14	68	46	34AG, 1구형(1)
3친위기계화보병사단	15	78	47	35AG, 8구형(1)
10전차여단				
51전차대대			100	판터
52전차대대			100	판터
911돌격포대대				31AG
켐프 특수임무군				
503전차대대	48			티거 1형
6기갑사단		53	33	25구형(1), 13Flam
7기갑사단		46	41	16구형(1)
19기갑사단		48	22	12구형(1)
228 · 393 · 905 돌격포여단				75AG
24기갑군단(치타델레 작전을 위한 남부집단군 예비대)				
5친위기계화보병사단		20	11	6AG, 15구형
23기갑사단		40	21	11구형

* 기호 설명

(1) 여전히 기갑사단에서 사용되고 있는 초기 모형의 전차로 38(t)형과 2호 전차 등을 비롯해 37밀리미터나 50밀리미터, 또는 단포신 75밀리미터 전차포를 장비하고 있는 3호 전차와 4호 전차를 의미한다.

(2) 돌격포전차 '브룸배어' : 쿠르스크에서 최초로 216(돌격)전차대대에 66대가 배치되었다.

(3) 치타델레 작전 초기에는 505전차대대에서 1중대와 2중대만 사용할 수 있었다. 3중대는 7월 8일까지 전투에 참가하지 않았다.

AG: 돌격포

AT: 자주대전차 무기. 무장은 마르더 2호와 3호에 사용된 75밀리미터 PaK 40이나 88밀리미터 Pak 43/1을 장착한 Gw 3호/4호 '호르니세'(나스호른의 초기 이름)가 치타델레 작전에 투입되었다.

Flam: 화염방사 3호 전차 M형

Obs: 정찰장갑차

치타델레 작전에 투입된 디거 1형과 4호/5호, 3호 전차들 중 각각 15, 110, 80대가 지휘전차(Befehlswagen)였다. 도합 60대의 화염방사 3호 전차 총 60대가 공세에 동원되었다.

보병사단의 야포와 중포

	포탄중량	작전중량	사정거리		포탄중량	작전중량	사정거리
독일군				**소련군**			
105mm lFH18	14.8kg	1,958kg	10,675m	762mm 39형	6.35kg	780kg	8,504m
150mm slG23	38kg	1,700kg	4,700m	122mm 31/37형	22.5kg(HE)	7,117kg	20.8km
150mm sFH18	43.5kg	5,512kg	13,250m	152mm M-1937	43.6kg	7,128kg	17,265km

3호 전차. 4호 전차와 함께 3호 전차는 치타델레 작전에 투입된 독일군 기갑전력의 대부분을 차지했다. 하지만 1943년 여름에는 이 전차가 일선전차로 활약할 날도 얼마 남지 않은 상태였다. 4호 전차와 함께 전차포의 성능을 향상시키고 장갑의 두께를 더 두껍게 하는 형태로 개선작업이 이루어져 T-34 전차에 대한 기술적 열세를 부분적이나마 줄일 수 있었다. 이 전차의 크기가 4호 전차와 달리 작다는 사실은 소련의 전차를 상대하기 위해서 반드시 필요한 장포신 고속 75밀리미터 전차포를 탑재할 수 없음을 의미했다. 삽화의 3호 전차 M형은 50밀리미터 L/60 전차포와 보조장갑(schurzen), 도하장비를 갖추고 있었는데, 쿠르스크 전투에서 대단히 많이 손실되었다. 3호 전차의 생산은 1943년 8월에 중단되었다.

운용된 것이다. 그리고 슈투카비행단들이 광범위하게 운용했던 고전적인 급강하폭격 전술도 치타델레 작전을 끝으로 종말을 고했다.

∶∶ 소련군

독일군이 질과 양에서 쇠퇴기에 접어들고 있던 그때, 소련군은 불과 일년 전과는 완전히 다른 조직으로 진화하고 있었다. 부대 기장이 재도입되었고 특정 부대에 '근위'라는 특별 명칭을 부여했다. 차르 시대의 방식과 비슷한 이런 제도를 통해 '붉은 군대'는 자신들의 운명에 의미를 부여함으로써 병사들의 심리적 측면을 이용해 그들이 조국애나 국가에 대한 충성과 같은 집단적인 목적의식을 갖도록 했다. 2년간의 전쟁을 통해 그들은 무자비하고 끔찍한 교훈을 배웠으며, 그 교훈은 여전히 살아 숨쉬고 있었다. 한편 전투기량이 향상되었다는 인식이 군대 내부에 확산되고 있었는데, 이것 역시 다가올 전투의 결과에 중대한 영향을 미치게 된다. '전투기술'에 대한 지식 대신에 정치적 구호로 병사를 독려하는 방식은 가급적 배제되기 시작했다. 분명한 사실은 이제 독일군도 소련 병사들을 군복 입은 농부 따위의 오합지졸로 무시할 수 없게 되었다는 것이다.

군대의 규모와 전력이 증대되자, 사기가 진작되었다. 독일군이 병력 부족 문제로 고심하고 있을 때, 소련군의 병력은 사상 유례가 없을 정도로 증강되었다. 7월 초에는 총 1,644만 2,000명이 병적에 등록되어 있었다. 장비도 괄목할 만한 수준에 도달했지만, 문제점도 없지 않았다. 현역에 투입되어 있는 전차 9,918대 중 거의 3분의 1은 경전차였는데, 현대전에서는 그 가치가 의심스러웠다. 포병의 경우, 전체 10만 3,085문의 대포와 박격포들 중 절반 이상이 효과가 떨어지는 76밀리미터와 82밀리미터 구경의 대포들이었다. 이러한 소련군의 병력과 장비는 기술적으로 훨씬 뛰어난 성능을 지닌 장비들의 생산이 급격히 증가하면서 거대한 변혁을 경험

소련군 전투서열, 1943년 7월 1일

스탈린

STAVKA

쿠르스크 전투 STAVKA 대리인: 소련연방원수 주코프, 소련연방원수 바실레프스키(Vasilevsky)

중앙전구	스텝(예비) 전구	보로네슈 전구
육군원수 K. R. 로코소프스키	육군상급대장 I. S. 코네프	육군원수 N. F. 바투틴
48군 육군중장 로마넨코	5근위군 육군중장 자도프	38군 육군중장 치비소프
13군 육군중장 푸호프	5근위기갑군 육군중장 로트미스트로프	40군 육군중장 모스칼렌코
70군 육군중장 갈라닌	27군 육군중장 트로피멘코	1기갑군 육군중장 카투코프
65군 육군중장 바토프	47군 육군중장 리조프	6근위군 육군중장 치스챠코프
60군 육군중장 체르냐호프스키	53군 육군중장 만가로프	7근위군 육군중장 슈밀로프
2기갑군 육군중장 로딘	5항공군 공군상급대장 고류노프	2항공군 공군중장 크라소프스키
16항공군 공군중장 루덴코		

하게 된다.

전쟁이 시작된 이래 소련은 냉혹할 정도로 제한된 전차 모델만 생산했다. T-34와 같은 모델의 경우, 의도적으로 성능을 개량하지 않아서 연속성이 유지되었고, 그 결과 생산량도 일정하게 유지할 수 있었다. 하지만 1942년 12월에 독일군이 새로운 전차를 개발했다는 소문과 함께 티거 1형 전차가 노획되자 전차생산위원회는 충격에 휩싸였다. T-34 전차를 신형 85밀리미터 전차포로 개조한다는 결정이 내려졌지만, 새 모델이 등장했을 때 쿠르스크 전투는 이미 끝난 상태였다. 신형 SU-85 구축전차 역시 너무 늦게 나와 쿠르스크 전투에 참전할 수 없었다. 그 대신 급하게 개발한 SU-152를 배치했는데 비록 숫자는 적었지만 그 효과는 파괴적이었다. 독일군이 1941년 이래 처음으로 더 우수한 전차를 전선에 배치했음에도 불구하고 소련 육군은 쿠르스크 전차전에서 승리를 거두었다.

하지만 독일 병력과 기갑부대의 최고 사냥꾼은 소련군의 '전장의 여왕'이라고 할 수 있는 포병대로서, 전투 기간 내내 사상 유례 없는 대규모

전차

	장갑 (정면/측면)	주포	속도 (km/h)	중량 (톤)
독일				
3호 전차 M형	50/30mm	50mm KwK39 L/60	40	22.3
4호 전차 H형	80/30mm	75mm KwK40 L/48	40	23.5
5호 전차 D형 판터	100/45mm	75mm KwK42 L/70	46	43
6호 전차 E형 티거	100/60mm	88mm KwK36 L/56	38	56
소련				
T-34 모델 43	47/60mm	76.2mm F-34	55	30.9
KV-1 모델 41	75/75mm	76.2mm F-34	35	45
처칠 Mk III	88/76mm	57mm	24	39
M3 '리(Lee)'	50/38mm	75mm와 37mm	40	
T-70	45/45mm	45mm	45	9.2

돌격포/구축전차

	장갑 (정면/측면)	주포	속도 (km/h)	중량 (톤)
독일				
StuG III	80/30mm	75mm StuK40 L/48	40	23.9
'페르디난트' 구축전차	100/80mm	88mm PaK43/2 L/71	30	65
호르니세, 나스호른	32/20/10mm	88mm PaK43/2 L/71	40	25
소련				
SU-76	35/16mm	76.2mm ZIS-3	45	11.2
SU-122	45/45mm	122mm M-30S	55	30.9
SU-152	60/60mm	152mm ML-20S	43	45.5

대전차포

	포탄중량 (kg)	포구속도 (m/s)	관통력
독일			
50mm PaK38	0.8[1]	1,130	500미터에서 120mm
75mm PaK40	3.18[1]	933	500미터에서 154mm
88mm Flak37	9.2	820	2,030미터에서 90mm
소련			
45mm 모델42	0.5[1]	1,066	500미터에서 54mm
57mm ZIS-2	1.7[1]	1,280	500미터에서 100mm

(1) 텅스텐 관통자를 사용하는 탄약

전투기

	속력 (km/h)	상승한도 (m)	항속거리 (km)	무장
독일				
메서슈미트 Bf109G-6	688	11,580	587/740	30mm MK108 1문
				13mm MG131 2정
				(20mm MG151 2정을
				날개 밑 곤돌라에 추가)
포케-불프 Fw190	656	11,410	800	13mm MG131 2정
				20mm MG151 4정
소련				
라보츠킨 La5FN	648	6,300	765	20mm 캐논 2문
야코블레프 Yak-3	648	10,820	650	20mm 캐논 1문
				12.7mm MG 2정

폭격기

	최대속력 (km/h)	상승한도 (m)	폭탄무게 (kg)	항속거리 (km)
독일				
하인켈 He111	415	7,910	2,000	1,200
하인켈 He177	470	8,100	6,000	4,800
융커스 Ju88	440	8,500	2,800	1,790
소련				
페틀랴코프 Pe-2	452	8,800	1,000	1,310
페틀랴코프 Pe-8	341	8,200	4,000	3,400
일류신 DB-3F	335	8,700	2,700	3,800

대지공격기와 급강하폭격기

	최대속력 (km/h)	상승한도 (m)	폭탄무게 (kg)	항속거리 (km)
독일				
융커스 Ju87D	390	7,310	1,800	600
헨셸 Hs129B	407	9,000	100[1]	880
소련				
일류신 Il-2M3	403	6,000	600[2]	603

(1) 쿠르스크 전투에서 사용된 기종은 R2 모델로 30밀리미터 Mk103 캐논을 동체 밑 곤돌라에 장착했다.
(2) Il-2M3는 또한 N-37 혹은 P-37 대전차 캐논, 그리고 두 정의 ShKAS 7.62밀리미터 기관총, 뒷좌석
에는 후방방어용 B.S. 2.7밀리미터 기관총을 장비했다.

쿠르스크 돌출부의 참호로 연결된 방어선에서 독일군 전차들이 입은 손실 대부분은 PTRD나 PTRS 대전차소총을 사용한 소련 보병소대에 의해 초래되었다. 삽화 속의 병사는 새로운 1943년 표준 '김나스쵸르카 (gymnastiorka: 군복상의–옮긴이)'와 견장을 착용하고 있다.

대포가 배치되었다. 대전차포는 여단으로 조직화되었는데, 이는 152밀리미터와 203밀리미터 곡사포 역시 마찬가지였다. 1942년 말에는 26개 포병사단 중 16개가 '돌파사단'으로 조직되어 대포 356문이라는 유례가 없을 정도로 막강한 화력을 사선에 배치했다. 대규모 집중포격을 위한 다른 대체수단으로 '포병돌파 군단'과 카투사(Katyusha: 다연장로켓) 사단도 도입했다.

기동성과 항공전력의 측면에서도 소련군은 상당한 변화를 보이고 있었다. 미국의 무기 대여법에 의해 1943년 중반까지 유입된 군용트럭들은 일부 주요 부대들에게 어느 정도의 기동성을 제공했지만 언제나 수요가 공급을 초과했다. 공중에서는 이제 야코블레프(Yakovlev) Yak-9D와 라보츠킨(Lavochkin) La-5FN과 같은 신형 전투기가 대규모로 등장하기 시작했고, 공격기에 있어서도 개량형 일류신(Ilyushin) Il-2M3가 37밀리미터 대전차 캐논을 장착하고 많이 등장하여 쿠르스크 전투 중 독일군 기갑부대에게 엄청난 재앙을 가져다주었다. 독일 공군은 질이나 양의 측면에서 동부전선 상황이 대단히 힘들어졌다는 사실을 깨달았고, 그것은 독일 지상군에게 불행한 일이었다.

치타델레 작전 초기에 독일 국방군이 소련의 이와 같은 근본적이면서 지속적인 질적 변화를 인식하지 못한 데는 상당한 근거가 있기는 하지만, 독일은 소련의 양적 우위만큼은 항상 염두에 두고 있었다. 많은 영역에서 소련군이 독일군의 정교함을 아직 따라갈 수는 없었지만, 1943년 소련의 붉은 군대가 1941년 6월의 그들과는 완전히 다른 야수가 되어 있었다는 사실에는 의심의 여지가 없었다.

| 양측 작전계획 및 준비 |

히틀러는 7월 1일까지 동부진선의 고위 지휘관들에게조차 7월 5일에 치타델레 작전을 개시한다는 자신의 계획을 알리지 않았다. 한번 던진 주사위는 이제 돌이킬 수 없는 상태가 되었다. 하지만 수개월에 걸친 망설임과 지연 탓에 소련군이 돌출부를 거대란 방어요새로 변화시킬 수 있었다는 사실에는 의심의 여지가 없었음에도 불구하고 공세작전을 변경하기 위한 노력이 전혀 이루어지지 않았다. 비록 치타델레 작전에 대한 기본구상이 작전명령 6호에 기술된 내용을 그대로 유지하고 있었지만, OKH가 4월에 이 작전을 계획할 때 제기된 조건과 논리 중 유효한 것은 하나도 남아 있지 않은 상태였다. 오로지 최초 '치타델레' 작전 계획 단계에서 필요하다고 생각했던 것보다 질적·양적으로 더욱 막강한 전력을 집중하는 데만 골몰하다 보니 실제 상황을 평가해봐야 한다는 생각은 전혀 하지 못했던 것이다. 독일군은 쿠르스크 돌출부 목덜미의 양쪽 측면에서 나타나는 병력 집중과 공격 의도를 숨기기 위해 교묘한 시도를 했지만, 그 정도 규모의 활동을 적이 눈치채지 못하게 한다는 것은 불가능했다. 따라서 전략적 기습 가능성은 이미 사라진 상태였다. '늑대굴(Wolfschanze: 히틀러의 동부전선 사령부—옮긴이)'에서 회의가 있은 지 24시간 만에 스탈린은 루시의 정보 덕분에 보로네슈와 중앙·스텝 전구의 지휘관들에게 독일군이 7월 3일에서 6일 사이에 공격을 개시할 예정이라고 통보할 수 있었다. 독일인에게 남은 희망은 공격시간과 장소, 주공방향, 공격 방식의 선택을 통해 전술적 기습을 달성하는 것뿐이었다.

:: 독일군 작전계획

치타델레 작전을 위한 OKH의 계획은 중부집단군과 남부집단군의 부대들이 쿠르스크를 향해 집중 공격을 하는 것이었다. 간단하게 언급된 공세의 목표는 다음과 같았다. "말로아르항겔스크(Maloarkhangelsk)—쿠르스크—벨고로트 선에서 쿠르스크 돌출부를 봉쇄하고 그 안에 있는 강력한 소련군을 분쇄한다." 7월까지 이 목적을 달성하는 데 충분하다고 생각되는 병력이 집결되었다. 공격 직전 독일군 부대들의 최종 위치와 그들의 공격목표는 다음과 같았다.

중부집단군 부대들은 9군에 배속되어 작전을 펼치며 쿠르스크-오렐 도로와 철도 사이의 소련군 방어선을 돌파하고 남쪽으로 쿠르스크를 향해 돌진한다. 여기에 덧붙여 OKH는 9군에게 전선을 동쪽으로 밀고 나가 말로아르항겔스크에 도달한 다음 2기갑군의 우익과 연계하라고 지시했다. 이러한 목표들을 달성하기 위해 9군에 5개 군단으로 편성된 15개 보병사단과 7개 기갑 및 기계화보병사단을 배속했다.

남부집단군의 부대는 4기갑군과 켐프 특수임무군으로 분리하여 치타델레 작전에 투입하기로 되어 있었다. 4기갑군 사령관인 헤르만 호트는 '그로스도이칠란트' 사단과 2친위기갑군단, 5개 기갑사단, 10(판터)전차여단, 2개 보병사단을 할당받아 단일 지휘관 아래 집결된 부대 가운데 독일 육군 역사상 가장 강력한 기갑부대를 형성했다. 거대한 기계화 방진(phalanx)들은 벨고로트와 게르초프카(Gertsovka) 사이의 50킬로미터에 걸친 전선에서 소련군의 방어선을 돌파하고 오보얀(Oboyan) 마을을 지나 쿠르스크로 전진하기로 되어 있었다. 켐프 특수임무군은 4기갑군이 돌파를 실시할 때 효과적으로 측면을 보호하기 위해 동원되었다. 그들은 북쪽으로 진격하여 쿠르스크 동쪽에서 9군과 연계하고 그곳에서 새로운 전선을 형성하는 임무를 맡았다. 이 조공은 벨고로트와 코로차(Korocha) 사이의 폭 24킬로미터에 불과한 전선에서 시작될 예정이었다. 남부집단군에 할당된 총병력은 5개 군단으로 조직된 9개 기갑 및 기계화보병사단과 8개 보병사단이었다.

치타델레 작전이 시작되기 전 몇 달 동안, 독일 공군은 돌출부 내부에 있는 소련의 비행장과 철도, 도로, 병력 집결지에 공습을 감행했고 우랄

〈위〉 치타델레 작전이 시작되기 직전에 양측 모두 다가올 공세에 대비하여 몇 주 동안 집중적인 훈련을 실시했다. 사진 속에 나오는 654구축전차대대 소속 '페르디난트' 구축전차는 '골리앗(Goliath)' 무선유도폭탄차량을 조종하는 3호 전차와 함께 훈련하는 중이다. 폭발물을 장착한 이 소형 무한궤도 차량은 3호 전차의 무선유도로 발진하여 소련군의 지뢰밭에 돌입하고 그곳에서 폭발함으로써 페르디난트 구축전차를 위한 통로를 뚫었다. 또한 이 사진은 1943년 여름에도 독일군이 여전히 단포신 50밀리미터 전차포를 탑재한 3호 전차를 배치하고 있음을 보여주는데, 그것들은 '전투불가' 판정을 받은 지 이미 오래된 상태였다.(M. Jaugitz)

〈아래〉 기갑군 대장 베르너 켐프(Werner Kempf). 그의 3개 군단은 북쪽으로 전진하는 2친위기갑군단의 측면을 엄호하는 어려운 임무를 맡았다. 쿠르스크 공세에 참가한 모든 주요 부대들이 경험한 바와 같이 그 역시 그의 예하 기갑사단이 강력한 소련군의 방어진지와 도네츠 강 동쪽의 통과하기 어려운 지형 때문에 진격속도가 계획에 훨씬 못 미쳤다.(독일연방 문서보관소)

산맥 인근의 산업목표물에 '전략' 폭격을 가했다. 전술적 수준에서, 지상군의 공격 성공에 필수불가결한 핵심적 요소는 독일 공군이 전장의 상공에 대한 제공권을 확보하느냐에 달려 있었다. 제공권은 본질적인 문제여서, 그것을 확보해야만 전차 종대들이 공중으로부터 공격받는 것을 막을 수 있을 뿐만 아니라 당시 대단히 취약한 상황에 처해 있던 슈투카비행단에 엄호수단을 제공할 수 있었다. 슈투카비행단은 비행포대로서 독일군의 부족한 포병전력을 보충하는 대단히 중요한 역할을 수행했다. 특별히 대지공격 항공기들을 처음으로 대규모 집단을 이루어 배치한다는 점도 공격의 성공에 크게 기여할 것으로 기대되었다.

독일군 부대들이 작전개시 이틀 전에 공격개시선으로 이동했을 때, 각 부대들의 배치구도는 모델과 폰 만슈타인이 견고한 소련군의 방어선을 분쇄하기 위해 채택한 접근방식의 차이를 극명하게 보여주었다. 9군의 공격 제대는 길이 64킬로미터 전면을 따라 종심이 깊은 대형으로 배치되었다. 공격은 9개 보병사단과 그들 사단이 보유하고 있는 돌격포 부대가 시작하지만, 단지 1개 기갑사단만이 그들을 지원할 예정이었다. 모델은 자기 기갑전력의 대부분을 예비로 두면서 보병이 방어선에 돌파구를 형성하는 순간을 기다렸다. 일단 돌파구가 형성되면 기갑부대가 방어선의 틈으로 돌진해 소련군의 측면을 우회한 후 후방으로 진격한다는 것이 그가 택한 공격전술이었다. 모델과는 반대로, 폰 만슈타인은 보병전력이 부족하기 때문에 처음부터 그 전술을 배제했다. 그의 카드는 4기갑군이 활용할 수 있는 전차 700대였다. 만슈타인은 작전이 시작되는 순간부터 전차를 대규모로 동원하며 그들을 판처카일(Panzerkeil), 즉 전차를 쐐기진형으로 편성해 소련의 방어진지를 돌파하려고 했다. 필수적인 임계질량을 확보하기 위해, 공격 돌파구역은 1개 사단당 2.8~3.3킬로미터로 축소시켰고 여기에 전선 1킬로미터마다 전차 30~40대를 투입했다. 그는 이처럼 집중적인 기갑부대의 공격을 통해 독일군이 신속하게 적의 방어선을 돌파하고 그 뒤에 펼쳐진 평원에서 소련의 기갑예비부대를 상대하게 될 것이라고 믿었다. 초기의 충격력을 계속 유지하기 위해, 전차 승무원들은 손상당한 전차의 운용을 포기하거나 그것을 수리하려고 해서는 안 된다는 명령을 받았다. 손상당한 전차의 승무원들은 정지한 상태에서 계속 사격을 해야 했다.

티거 1형. 이것은 2친위기계화보병사단 '다스 라이히'에 배속되어 있던 티거의 삽화다. 치타델레 작전을 위해 이 사단이 활용할 수 있었던 티거 14대는 기갑연대 예하의 8중대를 구성했고, 포탑 옆면의 차량표식 'S13' 옆에 그려져 있는 하얀 그놈(Gnom, 16세기 독일의 연금술사 P. A. 파라켈수스가 쓴 『요정의 책』에 나오는 땅의 정령으로, 땅속에 살면서 금은의 소재를 알고 있는 난쟁이로 표현된다—옮긴이)으로 소속을 식별할 수 있었다. 'S'는 중전차라는 것을 의미하며 '13'은 1소대에 있는 차량 4대 중 세 번째 차량이라는 것을 말해준다. 전차 정면의 왼쪽에 하나의 가로줄과 2개의 세로줄로 된 백색 표시는 쿠르스크 전투를 위해 다스 라이히 사단이 사용했던 표시다. 19기갑사단의 전차들도 같은 모양의 검은색 표시를 사용했다. 이것을 사용한 이유는 소련 정보기관이 혼동하여 부대를 제대로 식별할 수 없게 만들기 위해서였다.

그와 같은 명령은 방어선에 배치된 소련군 대전차화기의 밀도를 고려할 때 사형선고나 다름없었다. 폰 만슈타인의 기대는 붉은 군대의 엄청난 물량적 우위와 쿠르스크 돌출부 방어선의 견고함 때문에 결국 실현되지 못했다. 그 전력의 막강함은 역사상 유례를 찾아보기 힘든 수준이었다.

:: 소련군 작전계획

5월 말에 소련군은 하계전역을 위한 전략을 모두 세워놓았고 독일군을 상대하기 위한 준비를 완료했다. 돌출부 방어선에서 독일군 기갑전력을 분쇄한 뒤에 보로네슈·중앙·스텝·브리얀스크 전구는 남서전구의 좌익 및 서부전구의 우익과 함께 역공으로 전환할 예정이었다. 남쪽과 북쪽의 다른 전구들 또한 역공에 대한 공조 작전의 일환으로 공세를 펼쳐 자신들 정면에 있는 독일군을 고착시킴으로써 소련군의 주공이 서쪽의 드네프르 강을 향해 자유롭게 진격할 수 있게 조공을 담당하도록 되어 있었다.

소련군은 독일군의 주공이 돌출부의 북동쪽 구역에 집중될 것이라고 생각했다. 따라서 로코소프스키는 80킬로미터에 걸친 전선에서 자신의 중부전구 주력부대를 쿠르스크를 향한 독일군의 공격축선이 향할 것으로 예상되는 지점에 집중시켰다. 그는 그가 보유한 5개 군 가운데 70군과 13·48군, 이 3개 군을 그 구역을 방어하기 위해 배치했다. 13군이 독일군의 공격을 정면으로 받을 것이라고 예상했기 때문에 로코소프스키는 보유 포병여단 전력의 60퍼센트와 기갑여단 전력의 33퍼센트를 13군의 작전을 지원하도록 배치했다. 후방에는 2기갑군이 예비제대로 배치되어 있었고, 전체 예비대에서 1개 기병군단과 2개 기갑군단, 몇 개의 전차구축부대를 소환할 수 있었다. 항공엄호와 지원을 위해 STAVKA는 16항공군을 중부전구에 할당했다. 이와 같은 병력의 집중으로 로코소프스키는 포병전력 2.1배, 기갑전력은 7.6배에 달하는 우위를 확보했다.

남쪽에서는 바투틴의 보로네슈 전구가 5개 군과 1개 기갑군, 1개 항공군을 배치할 수 있었다. 그는 병력의 대부분을 폰 만슈타인에게 공격당할 위험이 높다고 생각하는 지점에 배치했는데, 이는 그가 담당한 96킬로미터 길이의 전선에서 중앙과 좌익에 해당했다. 우익에는 6근위군을 제대(梯隊)대형으로 배치해 오보얀으로 이어지는 접근로들을 방어했다. 그는 OKH의 작전계획에 대해 그가 알고 있는 사실을 근거로 독일군의 주공이 이 축선을 따라 이루어질 것이라고 판단했다. 그것은 독일군이 쿠르스크에 도달하는 가장 짧은 경로였다. 좌익에는 7근위군을 배치했다. 그들의 후방에는 1기갑군이 대기하며 오보얀/쿠르스크 경로를 엄호했다. 보로네슈 전구의 예비대에는 3개 군단과 35근위보병사단, 5근위기갑군단이 포함되어 있었다. 바투틴이 포병에서는 2.1배의 우위를 보였지만 기갑전력에서는 상대 독일군보다 약간 열세였다. 하지만 전투가 진행되는 동안, 그가 자신의 병력을 전면에 너무 넓게 분산시킴으로써 전력을 약화시켰다는 사실이 분명하게 드러나게 된다. 이것은 돌출부 남쪽의 독일군이 9군이 성취한 것보다 더 깊게 돌파에 성공할 수 있도록 '도움'을 주었다. 그럼에도 그의 후방에는 1개 예비전구 전체 병력이 버티고 있었고, 여기에서 그는 독일군 1개 기갑군과 맞먹는 병력과 3개 보병군단을 비롯해 몇몇 더 작은 단위의 부대를 추가로 소집할 수 있었다.

　　스텝 전구로 명칭이 바뀐, 코네프 장군이 지휘하는 지역에는 전쟁 기간을 통틀어 STAVKA가 집결시킨 최대 규모의 전략 예비부대가 배치되어 있었고, 이런 부대를 활용할 수 있다면 독일군의 패배는 확실했다. 이 거대한 집단은 5개 군, 1개 기갑군, 1개 항공군, 그리고 2개 기갑군단을 포함한 6개 예비대군단으로 구성되었다. 이론적으로, 이들은 앞의 모든 노력에도 불구하고 독일군의 치타델레 작전이 성공했을 때 그들이 동쪽으로 진출하는 것을 저지하는 임무를 띠고 있었다. 하지만 주코프는 그와 같은 사태가 일어날 가능성이 거의 없다는 점과 자신의 가장 큰 목표―독일군

기갑부대의 붕괴—를 돌출부의 미로처럼 복잡한 방어체계만으로 달성할 수 있다는 점에 대해 자신감 이상의 확신을 갖고 있었다.

∷ 소련군 방어선

4월 12일에 도달한 결론에 따라, 소련군은 민간인까지 동원하여 방어시설 공사를 돕도록 했다. 4월 말에는 민간인 10만 5,000명이 동원되었고 그 수는 6월에 30만 명까지 치솟았다. 그들이 이렇게 노동력을 투입한 것은 일련의 방어시설을 건설하기 위한 것으로, 이 방어시설은 독일군이 투입할 것으로 예상되는 대규모 기갑부대를 혼란에 빠뜨린 뒤 특정지역으로 유도해 남김없이 파괴하도록 설계되었다. 육군 공병대의 지도 아래 대대 화력 지원 진지 '지대'와 대전차 '저항진지', 광범위한 철조망에 연결된 지뢰지대가 구축되었다. 120밀리미터 박격포의 지원을 받는 85밀리미터 대공포와 122밀리미터 및 152밀리미터 곡사포는 은폐물로 철저하게 위장된 원형 포진지에 배치되었고, 신속하고 집중적인 포격으로 독일군 진격의 축선으로 예상되는 지역을 지원하게 되어 있었다. '저항진지'에서는 대전차 방어가 집중적으로 이루어지고, 각 거점에는 평균 3~5문의 76밀리미터 대전차포와 대전차총으로 무장한 보병, 박격포, 기관총반과 전투공병이 배치되었다. 이들 진지는 바둑판 모양으로 배치되었고 각각의 거점들은 상호지원이 가능했다. 이들 '벙커'들에 배치된 병력은 전차에 대응하는 훈련을 집중적으로 받았다. 특히 취약한 지역에는 대전차포를 최대 12문까지 투입하여 '대전차포열(pakfront)'을 구성했다. 이들은 위장된 포진지 속에 숨은 채 대규모 사격을 가하여 독일군 전차들을 지뢰밭으로 몰고 가도록 되어 있었다. 소련군은 총 2만 문 이상의 대포와 박격포, 6,000문의 대전차포와 920대의 카투사 로켓포대를 쏟아부어 중부전구와 보로네슈전구를 지원했다. 붉은 군대는 봄철을 이용해 돌출부 전역에 4만 개 이상의 지뢰를 매설했는데, 여름이 되어 들판이 해바라기와 밀로 덮이면 지뢰밭의 존재는 거의 확인이 불가능했다. 특히 거점 주변에는 지뢰밭의 밀도가 상당히 높아서 대전차지뢰는 1킬로미터마다 1,500개, 대인지뢰는 1,690개 비율로 설치되었다. 진지들을 연결하는 참호 또한 규모가 엄청나서 전체 길이가 1,900킬로미터에 이르렀다.

이런 방어선의 종심 깊이 역시 놀랄만큼 대단해서 8개 방어지대가 총 70킬로미터에 이르는 종심을 갖고 있었다. 이들은 다시 그 후방에 있는 스텝 전구에 의해 보강되었고, 그 뒤로도 방어지대가 계속 이어져 돈 강의 동안을 보호했다. 하지만 소련군은 독일군의 공세를 얌전히 받아주기만 할 의도가 전혀 없었다. 각 '전구'의 방어선 안에는 몇 개 기갑군단으로 구성된 1개 군이 대기하다가 독일군의 공격축선이 확인되면 바로 역공을 취할 수 있도록 배치되었다.

작전 준비와 배치된 병력의 규모가 어마어마했기 때문에 양측 병사들은 다가올 전투가 중요한 의미를 갖게 되리라는 것을 분명하게 인식하고 있었다. 심지어 히틀러는 이 한판에 모든 것을 걸도록 주도한 장본인임에도 "쿠르스크 돌출부만 생각하면 기분이 상한다"고 했지만, 병사들에게 보내는 개인 서한을 통해 다가올 전투의 중요성을 분명히 밝혔다.

"오늘 귀관들은 대단히 중요한 의미를 지닌 공격에 참가하게 될 것이며, 전쟁의 모든 결과가 바로 이 전투의 결과에 달려 있다."

쿠르스크 전투

독일군이 7월 3일에서 6일 사이에 공격을 시작한다는 경보를 미리 받은 로코소프스키와 바투틴은 전방부대에 최고 경계태세를 발령했다. 병사들은 초긴장 상태에서 무기를 들고 진지에 배치되었다. 그들은 탄약고를 점검했고 무기의 작동을 시험했으며 지도를 자세히 보았다. 마지막으로 장교들은 자신이 익힌 독일 전차 사냥법을 병사들에게 다시 한 번 숙지시켰다. 병사들은 마치 기도문을 암송하듯이 티거 전차의 약점을 낭송했다. 한때 러시아인들이 전부 주기도문을 외우고 있었던 것처럼 병사들이 티거의 약점을 외우게 하라는 흐루시초프의 요구는 충족되고도 남았다. 대지를 온통 뒤덮은 찌는 듯한 무더위 때문에 앞으로 벌어질 전투에 긴장하고 있는 병사들은 더욱 불쾌감을 느꼈고, 여름의 뇌우만이 그 더위를 식혀줄 수 있었다. 지난 며칠간 독일 공군과 소련 공군은 상대방의 비행장, 보급선, 통신선을 폭격하는 등 분주한 항공작전을 벌였다. 모든 징후로 보건대 독일군의 공세가 임박해 있었다. 시계바늘이 째깍째깍 소리를 내며 돌아가는 동안 양 전구의 사령관은 독일군이 언제 공격할지를 알 수 있는 아주 사소한 정보라도 확보하려고 애썼다. '루시'도 독일군의 정확한 공격시간을 알려주지는 못했고, 따라서 일선 부대들은 최고도의 경계심을 발휘해야 했다. 이들에게는 특히 완충지대에서 지뢰제거작업을 벌이는 독일군 공병부대를 조기에 발견하라는 사전 경보가 하달되었다.

:: 7월 5일 : 9군/중앙전구

7월 4일 저녁 늦게 로코소프스키는 원하던 정보를 얻었다. 정찰대가 소련군 지뢰밭에서 지뢰를 제거하는 일단의 독일 공병대와 조우했기 때문이다. 이들이 잡아온 포로 중 한 명을 심문한 결과, 포로는 독일군의 공격준비에 대해 많은 사실을 털어놓았으며 공격은 다음날 아침 03:30시에 시작된다고 말했다. 로코소프스키는 13군 지역의 포병과 박격포, 카투사 로켓

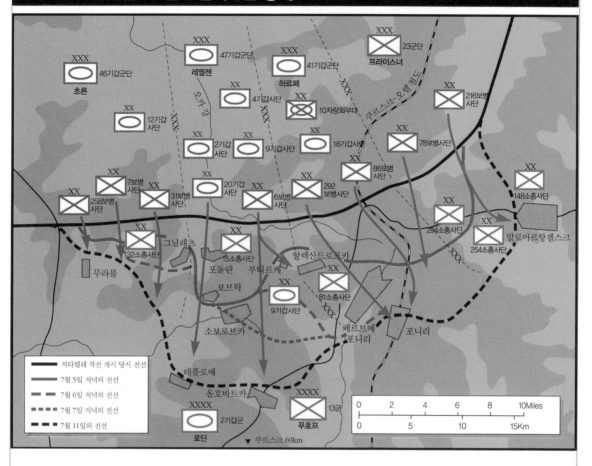

지도 내 표기:

46기갑군단 / 초론
47기갑군단 / 레멜젠
41기갑군단 / 하르페
23군단 / 프라이스너
4기갑사단
10차량화부대
18기갑사단
216보병사단
78보병사단
12기갑사단
2기갑사단
9기갑사단
86보병사단
148소총사단
7보병사단
31보병사단
207기갑사단
6보병사단
292보병사단
294소총사단
254소총사단
258보병사단
132소총사단
15소총사단
81소총사단
말로아르항겔스크
그닐례츠
무라블
포돌랸 / 부티르케
알렉산드로프카
보브릭
9기갑사단
소보로브카
페르브예 포니리
포니리
테플로예
올호바트카
2기갑군 / 로딘
13군 / 푸호프
쿠르스크 69km

범례:
치타델레 작전 개시 당시 전선
7월 5일 저녁의 전선
7월 6일 저녁의 전선
7월 7일 저녁의 전선
7월 11일의 전선

0   2   4   6   8   10Miles
0   5   10   15Km

1943년 7월 5일부터 11일 사이 모델의 9군 공세 상황도. 상급대장 모델은 6일 동안 9군의 결집된 전력을 쿠르스크 돌출부 북부에 있는 소련군을 향해 쏟아부었다. 로코소프스키 장군은 남쪽에 있던 아군들과 달리 부대를 대단히 협소한 전선에 집중 배치했으며, 그곳은 그가 생각하기에 독일군 주력의 공격축선이 쿠르스크를 겨냥할 것으로 예상되는 곳이었다. 그가 더 강력한 전력을 할당받았다는 현실은 어느 정도 도움이 되었는데, 그가 그럴 수 있었던 것은 소련군 지도부가 독일군의 두 공격축 중에서 북쪽의 공격이 더 강력할 것이라고 오해했기 때문이다. 그럼에도 불구하고 소련군은 6일간의 고난에 찬 가혹한 전투를 벌인 끝에 9군의 공격력을 소진시킬 수 있었다. 모든 예비 부대를 소모해버린 독일군은 7월 12일에 소련군이 2기갑군과 9군의 배후를 향해 대규모 반격을 실시했을 때 거기에 대응할 여력이 남아 있지 않았다.

〈70쪽 위〉 공군력은 쿠르스크에서 결정적인 역할을 수행했으며 양측이 모두 대량의 항공기를 투입했다. 페틀랴코프 Pe-2는 다목적으로 사용가능한 소련군의 급강하폭격기로, 독일군의 보급로를 공격하는 데 투입된 주요 폭격기 중 하나였다. 독일군 전선 후방으로 깊고도 광범위한 공격이 가능한 붉은 공군의 능력 때문에 독일 9군은 전투기간 내내 상당한 어려움을 겪었다.(노보스티 통신사)

〈70쪽 아래〉 독일군 150밀리미터 sFH18 곡사포가 소련군 진지를 향해 사격을 가하는 장면으로 중부전구에 독일 9군이 공세를 시작했을 때의 모습이다. 독일군은 1942년 전역과 스탈린그라드 전투에서 수많은 대포를 잃은 탓에 중포병이 소련에 비해 확실히 열세였고, 그로 인해 많은 어려움을 겪었다. 바로 이 점 때문에, 비록 대포에 비해 훨씬 비용이 많이 드는 데도 불구하고, 슈투카비행단이 쿠르스크 전투 기간에 그처럼 중요한 역할을 수행할 수밖에 없었다.(독일연방 문서보관소)

부대에게 독일군 거점을 향해 일제 사격을 개시하라고 명령했고 그것은 02:20시에 집행되었다.

아직도 집결 중이던 독일군 부대에게 이 사격은 전혀 예기치 못한 화염폭풍이었다. 그들은 이것이 소련 측의 선제공격의 전주곡이 아닌가 하여 불안해하기도 했다. 독일군 전선에 소련군이 30분 넘게 포격을 가하여 부대 집결지에서는 혼란이 발생했고 독일군의 공격은 1시간이나 지연되었다.

04:30시, 독일군 포병대도 소련군 거점을 향해 포문을 열었다. 05:00시에는 13군 전방 관측소의 병사들이 전방을 향한 강한 공격이 시작되었으며 전차와 돌격포의 지원을 받고 있다고 보고했다. 머리 위에서는 슈투카들이 차례차례 대열을 벗어나 땅으로 내리꽂히며 요란한 사이렌 소리를 내질렀고 곧 폭탄을 투하하여 이미 파악한 소련군 방어진지를 공격했다. 05:30시, 독일 보병들은 13군 정면과 70군 우익에 걸친 폭 40킬로미터의 전선에서 공격을 개시했다. 불과 1시간 내에 소련군 방어거점들이 얼마나 강력한지가 분명해졌으며, 전투는 앞으로 9일 동안 치러야 할 잔혹한 경로의 양상을 이미 드러내고 있었다. 독일 보병들은 대포와 박격포 세례와 참호에 엄폐한 소련군 보병들의 소화기 사격을 받으면서 개활지를 건너갔다. 이들이 사각지대나 키 큰 호밀밭으로 숨어들다가는 대인지뢰의 피해를 입기 십상이었다. 사상자가 급격하게 늘어나는 가운데 그들은 마침내 소련군 참호선의 제1열에 돌입했지만 거기서도 결국 아군 포병대가 적의 보병을 궤멸시키는 데 실패했다는 사실만을 확인했다. 이어서 가혹한 백병전이 벌어졌다. 쿠르스크-오렐 주요 도로로 진격하라는 명령을 받은 독일 258보병사단은 하루 동안의 격전을 치르며 이와 같은 미증유의 저항을 받고서 정지해버렸고 7보병사단의 사정도 마찬가지였다.

전차 지원을 받는 보병사단들은 공격에 성공했고, 이들은 9군 주공의 공격축선에 해당하는 폭 16킬로미터의 전선에 집중되었다. 모델이 사용할

〈위〉 쿠르스크에서 독일 20기갑사단과 기타 기갑사단들은 사단 자체의 포병전력으로 훔멜 자주포를 사용했다. 이 자주식 150mm sFH 18 곡사포 덕분에 기갑사단들은 언제라도 화력지원을 제공받을 수 있었다. 많은 훔멜 부대에는 2호 전차가 배속되어 있었는데, 전투용으로는 부적합했지만 무전기를 장착하고 지휘 차량으로 사용되었다.(독일 연방 문서보관소)

〈아래〉 측면에 '슈르첸(Schurzen)' 보조 장갑판을 부착한 20기갑사단 소속 M형 3호 전차들이 전투를 위해 전개하고 있다. 이 5밀리미터 두께의 보조 장갑판은 소련군이 1943년에 도입한 성형작약 대전차탄에 대응해 별도의 제한적인 방어수단을 제공했다. 전차의 캐터필러가 이 전구에서 흔히 볼 수 있는 호밀밭과 옥수수밭에 넓은 자국을 남기고 있다. 소련군은 여기에 지뢰 수천 개를 설치해놓았다.(독일연방 문서보관소)

7월 5일, 653구축전차대대의 페르디난트 자주포와 그들을 지원하는 3호 전차가 소련군을 공격하고 있다. 이 무기의 약점은 실전에 투입된 뒤에 비로소 드러났다. 두꺼운 장갑판 덕분에 소련군 진지를 쉽게 돌파할 수 있었지만, 일단 방어선 안쪽에 돌입하게 되면 그 약점이 너무나 뻔히 드러났다. 기관총을 장비하지 않았기 때문에 자체방어는 오로지 거대한 88mm PaK 43 주포로만 가능했다. 그것을 소련군 보병을 향해 발사해도 그들은 '전차공포증'을 극복하도록 철저하게 훈련을 받았기 때문에, 구데리안의 비유처럼, '대포로 기죽이기'와 같은 상황이 벌어졌다. 페르디난트는 장거리포 구축전차로서는 성공작이었지만 쿠르스크에서는 실패했다.(M. Jaugitz)

수 있는 6개 기갑사단들 중 20기갑사단만이 공격 제1파에 투입되었다. 공병들이 지뢰밭에 통로를 개척했고 이어서 전차가 공격했다. 첫 번째 참호선이 돌파되었고, 09:00시에는 사단의 3호 전차와 4호 전차들이 그닐레츠(Gnilets)와 보브릭(Bobrik) 마을 사이로 전개했다. 소련군 포로로부터 얻은 소련군 방어선의 취약한 연결부에 대한 정보를 사단장인 폰 케셀 장군에게 전달하자, 보브릭 마을에 대한 공격이 이루어졌다. 20기갑사단은 강력한 사단 포병대와 항공기들의 지원을 받으면서 소련군 321보병연대의 전방으로 몰려들었다. 보브릭을 점령한 독일군은 소련군 15소총사단의 진지들을 분쇄하고 방어선 안으로 4.8킬로미터나 침입했다.

독일 9군은 전장에서 독일군의 국지적 제공권에 강력하게 도전하는 소련 16항공군의 끊임없는 공습에 시달렸다. 20기갑사단의 우익에서는 6보병사단이 06:20시에 작전을 개시, 오카(Oka) 강의 계곡을 따라 진격했다.

약 3시간 후 티거 I 전차를 장비한 505중전차대대 1중대와 2중대는 6보병사단에 배속되어 전진하기 시작했다. 2개 티거 중대가 신속하게 진격하며 T-34 전차와 대전차포로 구성된 전초방어선을 분쇄하고, 개방된 676소총연대의 측면을 뚫고 들어갔다. 정오가 될 무렵 자우반트(Sauvant) 소령의 티거 부대는 부티르케(Butyrke) 마을을 점령하여 소련군 81소총사단의 좌익을 끊으려 했는데, 81소총사단은 이미 하르페 장군의 41기갑군단 예하 292보병사단에게 압박을 당하고 있었다. 이 소련군 81소총사단의 병사들은 아침부터 계속 처절한 전투를 벌이고 있었다. 653구축전차대대의 페르디난트 덕분에 13군은 이 구역의 소련군 방어선을 돌파할 수 있었다. 292

사진 속의 돌격포처럼 많은 독일군 차량들이 지뢰를 밟고 파괴되었다. 생존한 승무원들이나 지원 보병들도 소련군 포병에게 전멸되었다. 방어선의 촘촘한 함정에 빠진 전차들은 참호 속에서 튀어나와 전차의 엔진실에 화염병을 투척한 전차 파괴반원들에게 희생되었다.(노보스티 통신사 통신사)

보병사단과 함께 작전을 펼친 페르디난트 분견대는 81소총사단의 방어선을 알렉산드로프카(Alexandrovka)까지 밀어내는 데 성공했다. 하지만 그들의 성공은 겉모습에 지나지 않았다. 소련군 보병들은 곧장 돌파구를 봉쇄했고, 지원 전차와 격리된 독일군 보병들은 앞으로 한 걸음을 내딛을 때마다 끊임없이 전투를 해야 했다.

그날 하루 종일 13군 지역에 대한 독일군의 압박이 거세지면서 소련 공병은 추가로 지뢰 6,000개를 더 매설했고, 그 결과 독일군의 공격방향이 뒤틀리면서 최소한 기갑차량 100대가 파괴되었다. 오후 늦게 독일 86보병사단의 병사들은 포니리(Ponyri) 외곽에 도착했다. 독일군 주공격축선의 동쪽에서 프라이스너(Freissner) 장군의 23군단 예하 78·216보병사단 병사들은 소련군이 강하게 방어하고 있는 말로아르항겔스크의 철도 교차지점에 맹공을 가했다. 여기에 또 페르디난트 1개 분견대가 '골리앗' 무선유도폭탄차량과 함께 파견되었다. 독일군은 외곽 방어지대를 돌파하는 데는 성공했지만, 소련군 129기갑여단이 성공적으로 역습을 가했다. 그럼에도 불구하고 공격 첫날이 끝날 무렵 41·47기갑군단 예하 사단들은 소련군 방어지대 안으로 6~9킬로미터를 진격했다. 하지만 그 대가는 엄청났다.

어느 정도는 예상한 바였지만, 소련군 방어선의 강력함과 깊이는 독일군에게는 뜻밖이었다. 실제로 6~9킬로미터 깊이의 주방어지대는 여전히 건재했고 날이 저물면서 신속히 증강되었다. 전투가 계속되면서 로코소프스키는 모델이 예하 기갑부대의 대부분을 부티르케와 보브릭 지역에 투입했으며 그곳의 소련군 15소총사단을 강하게 두들겨 자신들이 활용할 돌파구를 열려 한다고 생각했다. 이는 이어질 공격의 방향이 올호바트카(Olkhovatka)로 향하게 된다는 의미였다. 그날 남은 시간 동안, 다음날인 7월 6일에 있을 것으로 예상되는 기갑부대 간의 대규모 대결을 준비하기 위해 소련군 방어병력과 예비대의 신속한 재배치와 증강이 이루어졌다.

∷ 4기갑군/켐프 특수임무군/보로네슈 전구

바투틴은 독일 4기갑군 전체가 전날 오후에 새로운 진지로 전진했다는 사실에 근거해 이미 독일군의 공격이 임박했다고 판단하고 있었다. 독일군의 새 진지에서 관측병들은 소련군 방어선을 훤히 내려다볼 수 있었다. 중앙전구에서 그랬듯이 5일 새벽에 잡은 포로를 심문한 결과 바투틴을 설득하기에 충분한 정보를 확보했다. 바투틴은 6·7근위군에게 그들이 보유한 대포 600문으로 02:30시에 일제사격을 실시하여 집결 중인 독일군을 분산시키라고 명령했다. 03:30시에는 독일 포병대 역시 4기갑군의 전 전선에 걸친 강력한 탄막사격으로 응수했다. 훗날의 공식 보고서에 따르면, 이 사격에서 독일군이 사용한 포탄은 폴란드 및 프랑스 전역에서 사용한 포탄을 합친 양보다도 더 많았다고 한다.

치스챠코프(Chistyakov)의 6근위군의 첫 보고에 따르면, 진격하는 4기갑군을 지원하는 독일 공군 항공기들의 수를 볼 때 소련군 방어계획의 한 축이 잘못되고 있음이 분명했다. 하리코프 근교 비행장에 있는 독일 공군을 그들이 이륙하기 직전에 섬멸하려던 소련 2항공군의 시도는 프레야(Freya) 장거리 레이더 기지가 대규모 비행물체의 접근을 포착하면서 사전에 탐지되었고, JG3(Jagdgeschwader 3: 3전투비행단) 및 JG52(52전투비행단) 소속의 Fw190과 Bf109 전투기들이 마지막 순간에 비상 출격하여 비행장 바로 앞까지 다가온 러시아 항공 아르마다(Armada: 무적함대—옮긴이)를 요격했다. 500대가 넘는 항공기들이 이 전쟁에서 가장 큰 규모의 공중전을 벌였다. 소련군의 손실은 심각하지는 않았으나 공세 첫날의 제공권을 독일 공군에게 내주어 독일 공군은 5일 하루 동안 4기갑군을 지원하기 위해 2,000소티 이상을 출격했다.

04:00시에 4기갑군은 벨고로트와 게르초프카 사이의 폭 48킬로미터 전선에서 공세를 시작했다. 전차들은 공병들이 밤새 지뢰지대 사이에 개척한 통로 위를 굴러갔다. 2개 기갑군단 소속의 총 700대의 전차와 자주

1 7월 4일과 5일 사이의 야간에 독일 공병대가 확인된 소련군 지뢰지대에 통로를 개척했다.

2 04:00시, 4기갑군 전선 전체에 걸쳐 독일 포병이 공격준비 사격을 개시했다.

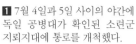

소련 XXX 6근위군
치스챠코프

소련 XX 67근위소총사단

오보얀 방향

체르카스코예

슈투카 항공지원

소련군 전선

소련군 지뢰지대

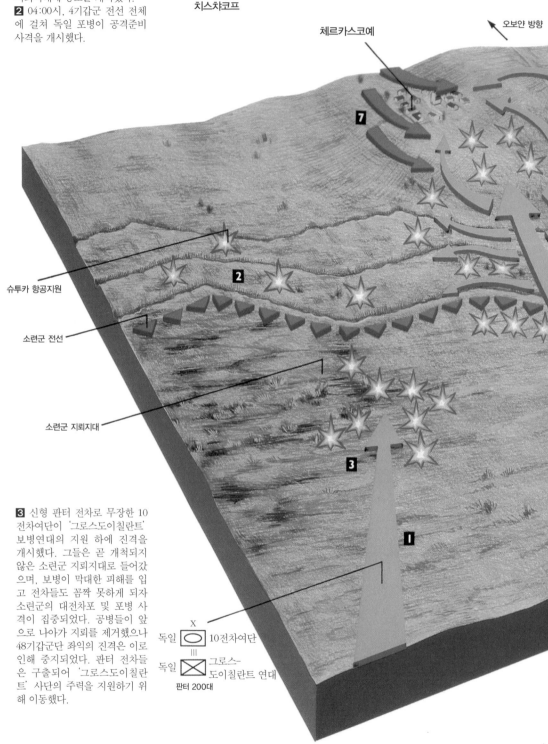

3 신형 판터 전차로 무장한 10 전차여단이 '그로스도이칠란트' 보병연대의 지원 하에 진격을 개시했다. 그들은 곧 개척되지 않은 소련군 지뢰지대로 들어갔으며, 보병이 막대한 피해를 입고 전차들도 꼼짝 못하게 되자 소련군의 대전차포 및 포병 사격이 집중되었다. 공병들이 앞으로 나아가 지뢰를 제거했으나 48기갑군단 좌익의 진격은 이로 인해 중지되었다. 판터 전차들은 구출되어 '그로스도이칠란트' 사단의 주력을 지원하기 위해 이동했다.

독일 X 10전차여단
독일 III 그로스-도이칠란트 연대
판터 200대

4 '그로스도이칠란트' 사단 주력의 공격이 05:00시에 시작되었다. 돌격의 정점에는 '그로스도이칠란트'의 티거 전차중대가 있었고 4호 전차와 3호 전차, 판터, 돌격포가 그 뒤를 바짝 쫓아가며 지원한 결과 체르카스코예 전방에서 소련군 방어선에 돌파구가 뚫렸다. 이 돌파구는 결국 '그로스도이칠란트' 연대 예하 대전차특공대가 고된 싸움 끝에 뚫은 것이며, 09:15시, 독일군들은 마을 앞에 도달했다.

5 '그로스도이칠란트' 사단 우익의 11기갑사단이 소련군 방어선을 돌파했다.
6 매우 견고한 소련군의 방어로 마을 앞에는 격파당한 독일 전차와 돌격포 잔해가 널렸다. 11기갑사단에서 파견된 기갑전투단이 소련군 진지의 동쪽 측면을 공격했다.
7 6근위군 사령관 치스챠코프 상급대장은 67근위소총사단에 2개 대전차포연대를 지원하여 독일군의 진격을 차단하려고 시도했으나 실패했다. 저녁 늦게 독일군은 마을 안으로 진입했고 극소수의 소련군 생존자들은 후퇴했다.

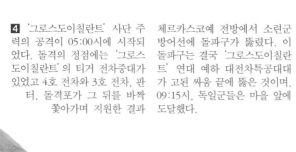

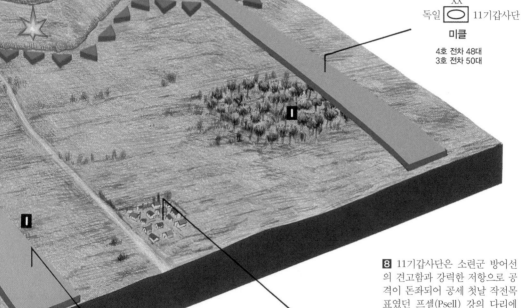

소련 3중 참호선

독일 [XX] 11기갑사단
미클
4호 전차 48대
3호 전차 50대

8 11기갑사단은 소련군 방어선의 견고함과 강력한 저항으로 공격이 돈좌되어 공세 첫날 작전목표였던 프셀(Psell) 강의 다리에 못 미치는 지점에서 멈춰 섰다.

부토보

독일 [XX] 그로스도이칠란트 사단
회른라인
티거 40대
판터 및 4호 전차 100대
3호 전차 20대

독일 [XXX] 48기갑군단
폰 크노벨스도르프

체르카스코예 공방전

1943년 7월 5일, 48기갑군단의 공격을 남쪽에서 본 모습

〈위〉 공세 첫날에는 독일군이 하루 종일 쿠르스크 돌출부 남부구역의 제공권을 장악하여 슈투카 및 기타 지상 지원 항공기들이 무사히 소련군 거점을 공격할 수 있었다. 제공권은 슈투카에게 중요한 요소였다. 그 표적은 진격하는 기갑부대의 최선두 부대 너머에 있었다. 독일 공군 지상 관제사들의 유도를 받는 이 급강하폭격기는 독일군에게 부족한 포병 전력을 보충하는 중요한 역할을 맡았다.(독일연방 문서보관소)

〈아래〉 페르디난트 2대가 포니리 마을로 이어지는 철도 주변 수풀 속에 숨어 있다. 이 작은 농촌 마을은 1주일간의 공세 동안 가혹한 전투의 중심지가 되었으며, 독일군과 소련군은 모두 이 마을을 작은 스탈린그라드에 비유했다.(M. Jaugitz)

쿠르스크 1943

포가 치스챠코프의 6근위군에 맹공을 가했으며, 저녁때까지는 그들을 괴멸시키고 소련군 방어선을 돌파하고자 했다. 그러나 그와 같은 기대는 강력한 소련군 방어선과 작전 입안자들도 어찌할 수 없는 여러 가지 요소들 때문에 물거품이 되었다.

∷ 48기갑군단

부토보를 양 측면에서 공격하여 소련군 방어선을 돌파하고 페나(Pena)의 남안까지 신속하게 진격해야 하는 오토 폰 크노벨스도르프(Otto von Knobelsdorff) 장군 예하 48기갑군단이 성공할 수 있는 열쇠는, 신형 판터 전차로 무장한 10전차여단의 강력한 충격력에 달려 있었다. 적어도 서류상으로 판터 전차 200대는 이 기갑군단에 일찍이 없었던 방어력과 화력을 제공해주었다. 빗발치는 탄막사격 속에서 전차여단 '데커(Decker)'는 부토보를 출발했으나 얼마 못 가 지뢰밭에 빠졌고 많은 차량이 기동불능 상태에 빠졌다. 기동할 수 있는 차량들 역시 탈출을 시도하다가 더 많은 지뢰를 폭파시켰다. 이 공세의 초기 목표이자 소련군 방어선 제일선의 핵심 거점인 체르카스코예(Cherkasskoye) 앞에서 판터 36대가 기동불능 상태가 되었다. 소련군은 정지된 전차들은 물론, 손상이 심각하지 않아 자력으로 탈출 가능한 전차들이 지뢰지대를 통과할 수 있도록 통로를 개척하기 위해 투입된 공병들에게도 엄청난 포화를 퍼부었다. 그 동안 판터 전차의 지원을 기다리고 있던 보병들은 독자적으로 소련군의 거점을 공격했으나 무수한 사상자만 내고 격퇴당했다.

판터 여단의 진격이 여러 시간 지연되고 있는 동안 군단 우익인 '그로스도이칠란트' 사단과 11기갑사단은 체르카스코예를 향해 쐐기대형으로 진격했다. 소련군의 제1방어선은 얼마 못 가 무너지고, 독일 전차들은 09:15시에 마을 외곽에 도달했다. 이 중요한 거점을 지키기 위해 소련군

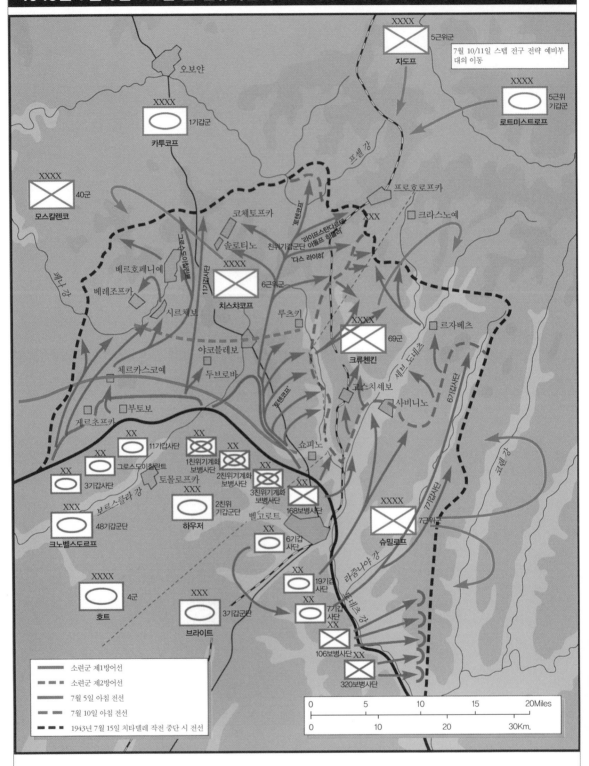

5근위군
자도프

7월 10/11일 스템 전구 전략 예비부대의 이동

5근위기갑군
로트미스트로프

1기갑군
카투코프

40군
모스칼렌코

오보얀

코체토프카

프로호로프카

크라스노예

솔로티노

프셀 강

'라이프스탄다르테'친위기갑군단 아돌프 히틀러
'다스 라이히'

베르호페니예

베레조프카

시르체보

6근위군
치스챠코프

루츠키

XXX

르자베츠

69군
크루첸킨

야코블레보

두브로바

체르카스코예

세브 도네츠

부토보

드룬코프

고스치셰보

게르초프카

사비니노

쇼피노

코렌 강

11기갑사단

그로스도이칠란트

1친위기계화보병사단

3기갑사단

2친위기계화보병사단

토폴로프카

3친위기계화보병사단

168보병사단

보르스클라 강

48기갑군단

2친위기갑군단

하우저

벨고로트

크노벨스도르프

6기갑사단

7근위군
슈밀로프

197기갑사단

7기갑군단

4군
호트

3기갑군단

7기갑사단

브라이트

106보병사단

320보병사단

소련군 제1방어선
소련군 제2방어선
7월 5일 아침 전선
7월 10일 아침 전선
1943년 7월 15일 치타델레 작전 중단 시 전선

0 5 10 15 20Miles
0 10 20 30Km.

〈82쪽〉 1943년 7월 5일~ 14일 폰 만슈타인의 보로 네슈 전구 공격. 쿠르스크 돌출부를 공격한 중부집단 군과 남부집단군 중 남부집 단군이 적에게 더 큰 위협 이 되었다. 모델과는 달리 폰 만슈타인은 예하 4기갑 군을 전차 약 700대로 막 강한 철권으로 조직했다. 이 철갑 주먹은 7월 5일에 일제히 투입되었고 충격력 으로 소련군 방어선을 깊숙 이 파고 들어갔지만, 전적 으로 그것의 규모와 깊이 그리고 방어자들의 끈질긴 저항 때문에 전차와 승무원 모두가 비싼 대가를 치렀 다. 프로호로프카에서 전투 가 벌어진 뒤 소련군 전차 의 전력은 7월 5일의 절반 으로 줄었으나, 반격이 시 작되자 처음 전력의 2배로 불어났다. 반면 독일군의 피해는 보충되지 않았다. 바로 그것이 독일 기갑부대 의 전력을 남김 없이 소진 시켜버리려는 소련군 방어 선의 설계 개념이었고 쿠르 스크 전투에 '죽음을 향한 4기갑군의 질주'라는 이름 이 붙게 된 이유이다.

〈위〉 10전차여단 52전차대대 소속 판터 D형이 정지하여 대기 중이다. 이 사진은 이들이, 강한 방어력을 보인 체르 카스코예 마을 전면의 지뢰지대를 향해 비참한 질주를 하기 전에 촬영한 것이다. 이 여단의 신형 판터 전차들은 쿠 르스크의 모든 독일군 부대 중 단일부대로는 가장 강력한 기갑부대를 구성하고 있었으나 데뷔전에서는 운이 따르지 않았다.(Munin Verlag)

〈아래〉 체르카스코예 마을 전방에서 그로스도이칠란트 사단이 소련군 방어선을 격파하고 있는 동안 11기갑사단의 쉼멜만 백작(Count Schimmelmann) 전투단은 이 3호 화염방사 전차를 가지고 우익에서 공격했다. 제1방어선의 주요 거점이었던 이 마을은 7월 5일 오후 독일군에 함락되었다.(독일연방 문서보관소)

쿠르스크 전투

67근위소총사단에 2개 대전차포연대가 증원되었고, 하루 종일 이 거점을 확보하려는 치열한 전투가 벌어졌다. 소련군이 오후 늦게 후퇴하자, 마을은 독일군의 손에 들어갔다.

군단의 최좌익인 3기갑사단 역시 소련 71근위소총사단과 비슷한 전투를 벌였다. 슈투카의 지원을 받는 332사단 소속 보병과 전차들은 맹렬한 적의 저항을 분쇄하면서 소련군 방어선을 서서히 돌파했다. 그러나 해질녘에 3기갑사단은 소련군 방어선을 9.6킬로미터나 돌파한 끝에 페나 강에 도달했다. 땅거미가 지면서 크노벨스도르프의 사령부에 있는 상황도에는 그의 기갑군단이 소련군 방어선에 낸 많은 구멍들이 파란색 크레용으로 표시되어 있었다. 그러나 그마저도 호트가 준비했던 시간표와 비교해보면 명시된 목표에는 한참 못 미치는 성적이었다. 다른 장소에서도 괴력을 발휘한 소련 방어선과 끈질기게 저항하는 소련 병사들이 독일군 사단에게 엄청난 통행료를 강요하고 있었다.

호트는 4기갑군을 9군과 연계시키라는 OKH의 치타델레 작전 계획에 충실하려면, 계획대로 연계가 이루어지기 전에 쿠르스크 남동부에서 여러 개 기갑군단 규모의 소련 예비부대를 먼저 처리해야 할 필요가 있다고 결정했다. 훨씬 더 북동쪽 후방에는 로트미스트로프(Rotmistrov)의 5근위전차군이 STAVKA의 예비대로 대기하고 있었다. OKH의 계획에 맹목적으로 집착하다가는 이들에게 독일 4기갑군의 측면을 공격할 수 있는 절호의 기회를 내주게 되며, 그렇게 되면 그들은 크게 선회해 오보얀에서 소련 1전차군과 함께 전투에 합류할 수 있었다. 바투틴은 특별히 1전차군을 오보얀에 배치해 독일 4기갑군의 전진을 저지하도록 했었다. 소련군이 측면공격을 해올 것이라고 예상한 호트는 소련의 기갑 예비부대와 5근위전차군이 프로호로프카(Prokhorovka)를 경유하는 경로를 택할 때만 독일 4기갑군의 측면에 도달할 수 있다고 추정했다. 따라서 그는 소련군의 방어선이 돌파하는 대로 소련군의 예상을 뒤엎고 공격 대형을 북동쪽으로 돌려서 프로호로프카 부근의 소련군 기갑 예비부대들을 먼저 격파하려고 했다. 그런 뒤에 오보얀으로, 다시 거기에서 쿠르스크로 가서 모델의 부대와 합류할 생각이었다.

∷ 2친위기갑군단

이 계획에 의해 7월 5일의 2친위기갑군단의 배치가 결정된다. '라이프스탄다르테 아돌프 히틀러'와 '다스 라이히', '토텐코프' 등 3개 기계화보병사단은 각각 왼쪽에서 오른쪽으로 평행 제대를 구성해 프로호로프카로 진격할 준비를 갖추었다. 이들 사단들은 쿠르스크 전투 종료 후에야 정식 기갑사단으로 지정되지만, 전차 340대와 각종 자주포 195문 등으로 다가오는 공세에 대비한 가공할 기갑전력을 갖추고 있었다. 또한 이들 3개 사단

7월 5일, 3친위기계화보병사단 토텐코프의 티거 전차들이 소련 제1방어선을 향한 공격을 선도하고 있다. 사단 돌격포대대의 지원이 따르자 소련군의 방어선에는 구멍이 생겼다. 보병들은 좋은 표적처럼 보이지만 티거와 돌격포의 화력지원을 받아가며 적의 거점을 소탕했다.(독일연방 문서보관소)

〈위〉 사단 직할 티거 중대로 이루어진 판처카일(전차쐐기대형)의 최선두 뒤쪽에는 보다 가벼운 장갑을 갖춘 3호 전차와 4호 전차가 뒤따른다. 사진 속의 전차는 3호 전차들로, 후기 형에 속하는 L형과 M형이다. 둘 다 장포신 KwK39 L/60 전차포를 장비했다. 쿠르스크 전투는 전투 전차로서 3호 전차의 고별무대가 되었다.(독일연방 문서보관소)

〈아래〉 잘 위장된 76.2밀리미터 라우치 붐(rauch boom) 대전차포는 독일 기갑부대에게 큰 손실을 안겼다. 매우 정밀한 방어체계의 일부인 이 대전차포는 단독으로 또는 '대전차포열'로 배치되었고, 교묘히 위장한 지뢰밭 때문에 자신의 화망 앞으로 몰려드는 독일 기갑부대에게 최대 12문이 일제히 강력한 탄막을 퍼부었다. 독일군도 이 무기를 높이 평가해 1941년에 이 포를 다수 노획한 뒤, 독일제 탄약을 사용할 수 있도록 약실을 개조하여 76.2밀리미터 PaK 36/39(r)로 명명했다.(노보스티 통신사)

VOLSTAD

쿠르스크 전투 당시 소련 전차병에게 일괄 지급된 유니폼은 그림 **1**에 나오는 석회색 또는 흑색 커버올(coverall)이었다. 붉은 군대는 그림 **2**에 나온 저격수처럼 많은 여성을 전투임무에 투입했다. 이 저격수는 위장 커버올을 입고 모신나강(Mosin Nagant) 1891 소총으로 무장하고 있다. 그림 **3**에 나온 소총부대의 중위는 1943년 1월에 바뀐 제복을 입고 있다. 이 제복에는 제정 러시아 양식의 계급장과 '김나스쵸르카', 즉 목을 죄는 칼라 및 견장이 달린 상의가 도입되었다.

은 사단 직할 티거 중대를 하나씩 보유했다. 이러한 부대들의 위력을 눈치 챈 소련군은 이들의 진격로에 경험 많은 52근위소총사단과 375소총사단을 배치하여 매우 종심 깊은 고정방어선을 만들었다.

전투공병이 개척한 지뢰지대를 뚫고 04:00시에 진격을 시작한 이들 3개 사단은 사전에 충분히 훈련해둔 판처카일(panzerkeil) 대형으로 전개했다. 전차쐐기진형의 선두에는 티거가 서고, 측면에는 판터(다스 라이히 사

〈위〉 전차의 뒤를 따라 보병이 도보로 또는 지원 돌격포에 올라타서 진격했다. 이 사진에서는 토텐코프 사단 소속 80밀리미터 박격포 사수들이 카메라 앞을 지나쳐가는 동안 저 멀리 떨어진 곳에서 돌격포와 기타 차량들이 초원을 가르고 있다. 공세 시작 며칠간 친위기갑군단이 진격했던 곳은 뜨거운 햇살이 내리쬐었던 것이 분명하다. 이 순간에는 지뢰에 대한 공포가 없었던 것으로 보인다.(독일연방 문서보관소)

〈아래〉 무장친위대 보병들이 짙은 연기를 뒤로 한 채 불타는 마을을 통과하고 있다. 소련군 포로가 적어도 3명 정도 함께 따라가고 있는 것이 보인다.(독일연방 문서보관소)

〈위〉 지상공격기 조종사들과 대전차공격기 중대가 2친위기갑군단의 진격을 강력하게 지원하고 있었다. 융커스 Ju87G-1은 37밀리미터 기관포 2문으로 무장하고 전진로상의 소련군 전차를 고철로 만들었다. T-34의 후면으로 접근하여 엔진실에 사격을 가해 전차를 폭파시키는 전술은 독일 공군에서 최고의 슈투카 조종사 중 한 사람인 한스 루델이 고안한 것이다. 이 전술은 독일군에 제공권이 있을 때는 훌륭했지만, 소련 전투기와 맞닥뜨리면 슈투카의 운명은 그것으로 끝이었다.(독일연방 문서보관소)

〈아래〉 7월 6일 이른 시각, 로코소프스키는 13군 전방에 압박을 가하는 독일군 사단에 대항해 기갑부대의 반격을 명령했다. 그리고예프(Grigoyev) 장군 예하의 16전차군단은 T-34 전차와 T-70 경전차를 독일군 거점으로 진격시켰으나 독일 2기갑사단과의 전투 끝에 퇴각하고 만다.(노보스티 통신사)

단의 경우)를 비롯해 3호 전차와 4호 전차 그리고 돌격포들이 포진했으며, 그 뒤를 보병들이 도보로 혹은 장갑차를 타고 뒤따랐다. 이 사단들은 많은 소련 전차와 격돌했는데도 비교적 빠르게 제1방어선을 돌파했다. 그러나 여기서도 다른 곳과 마찬가지로 끝이 없는 대전차포열, 지뢰지대, 가공할 포병 사격을 동반한 견고한 방어선 때문에 전진이 둔화되었다. 그러나 날이 저물 무렵, 2친위기갑군단은 소련군 52근위사단의 대전차방어망과 포병 진지들을 돌파하고 방어지대 안으로 20킬로미터를 진출했다.

군단 우익의 토텐코프 친위사단의 돌격부대는 여름 저녁의 지는 햇살을 받으며 티거의 지원 아래 야크혼토보(Yakhontovo) 마을의 69군 사령부를 점령했다. 무장친위대 하면 떠오르는 열정을 제외하더라도 친위기갑군단이 비교적 빠르게 전진할 수 있었던 것은 지상과 공중의 밀접한 화력지원이 결합되었기 때문이다. 5일 당시, 군단 소속으로 활용할 수 있었던 티거 41대가 친위기갑군단의 판처카일에 엄청난 파괴력을 선사했을 것이란 사실에도 의심의 여지가 없다.

머리 위에서는 지상공격용 항공기들이 꼬리에 꼬리를 물고 진격하는 친위대 사단 앞에 불의 회랑을 만들었다. 독일 항공공격의 중심에는 37밀리미터 기관포 2문을 장착한 다수의 Ju87G가 있었는데, 유명한 조종사인 한스 루델(Hans Rudel)이 이들을 지휘했다.

도처에서 나타나는 슈투카 이외에도 Fw190이 SD-1과 SD-2 파편폭탄을 독일군 전진로상의 소련군 방어선에 투하했다. 또한 기체 하부에 30밀리미터 기관포를 장착한 Hs129 대지공격기들이 소련군의 대전차포와 포병 요원들에게 파괴적인 타격을 가했다. 친위기갑군단의 전진로상에 있던 베레초프(Berezov), 그레무치(Gremuchi), 바이코보(Bykovo), 코즈마-데미야노프카(Kozma-Demyanovka), 보즈네센스키(Voznesenski) 등의 막강한 방어력을 갖춘 소련 마을들이 이런 식의 공지합동공격 앞에 비교적 빠르게 함락되었다. 독일 공군이 돌출부 남쪽에서 실질적인 제공권을 누리고 있는 동안, 소련군은 그날 일찍 독일 공군기지에 대한 선제공격에 실패한 대가를 치르고 있었다. 땅거미가 지면서 친위기갑군단은 하루 동안 얻은 전과를 확대하기에 좋은 상황에 놓여 있었지만 사상자 또한 엄청났다. 라이프스탄다르테 사단 하나에서만 97명이 전사하고 522명이 부상당했다. 4기갑군의 모든 전선에서 점점 더 강한 저항에 직면하고 있었지만, 독일군은 6근위군을 둘로 쪼개는 데 성공했다. 이런 상황으로 볼 때 예상보다 진격속도가 늦어지기는 했지만 호트의 계획은 아직 실현 가능한 것처럼 보였다.

∷ 켐프 특수임무군

치타델레 작전의 첫날이 저물어가면서 독일군이 걱정하는 것이 있었다. 그것은 바로 켐프 특수임무군 예하 부대의 느린 진격이었다. 3개 기갑사단과 503중전차대대 예하의 티거 48대를 장비한 이 기갑군단은 측면의 엄호를 '라우스(Raus)' 특별돌격군단에게 맡기고 코로차(Korocha) 방향에서 가능한 한 신속하게 소련군 방어선을 뚫기로 되어 있었다. 그들은 여기에서 항공정찰을 통해 확인된(진격하는 친위기갑군단의 우익을 공격할 것으로 호트가 예상하고 있던) 소련군 기갑예비대와 교전을 벌여 그들을 분쇄하기로 되어 있었다. 이 목표를 이루기 위해 3기갑군단은 북서쪽으로 나아가 로트미스트로프의 5근위전차군이 아직 프로호로프카 근교에 있을 때 그들의 측면을 칠 예정이었다. 따라서 타이밍이 아주 중요했다. 켐프가 호트의 시간표를 준수하려면 소련군 방어선의 조속한 돌파는 필수사항이었다. 그러나 이곳의 자연환경과 소련군이 독일군을 저지했다. 치열한 전투 중에 슈밀로프(Schumilov)의 7근위군은 독일군의 기갑부대 및 지원 보병들을 도네츠 강 도하점 근처에 묶어놓았다. 바투틴은 슈밀로프를 도와 독일군의 돌파를 저지하고자 3개 소총사단을 추가로 증파하여 독일군의 코로차 방향에 대한 모든 전진 가능성을 봉쇄하게 했다.

어둠이 내리면서 양군의 지친 병사들은 잘 수 있는 곳이면 아무데서나 잠을 청했다. 치타델레 작전의 첫날이 끝날 무렵, 독일군은 이미 전투의 형태와 과정을 좌우할 근본적인 조치를 취해놓은 상태였다.

:: 7월 6일~9일 : 9군/중앙전구

7월 6일 이른 아침, 로코소프스키는 독일군의 공세에 맞서기 위해 준비 중인 부대들의 재배치를 완료했다. 18근위소총사단이 말로아르항겔스크 방위를 강화하기 위해 파견되었고, 3기갑군단은 포니리(Ponyri) 남부에 주둔하고 있었다. 17근위소총군단은 13군의 방어선을 지원하기 위해 이동했다. 또한 그는 독일군이 올호바트카를 공격할 것에 대비해 19기갑군단을 마을 동쪽에, 16기갑군단을 마을 북동쪽에 배치했다. 16기갑군단은 6일 이른 아침에 총 100대의 T-34 및 T-70 경전차를 이끌고 공격을 개시했다. 소련군은 약 3.6킬로미터를 전진한 뒤에 독일 2기갑사단의 반격으로 후퇴했다. 505중전차대대의 티거 전차들은 4호 전차 및 지원용 돌격포들과 나란히 2기갑사단에 배속되어 있었다. 오전 11시경, 구름 한 점 없는 하늘에서 태양은 조각조각 구분되어 있는 호밀밭과 밀밭이 끝없이 펼쳐진 대지위에 뜨겁게 내리쬐고 있었다. 소련군은 모래색 바탕 위에 적갈색과 녹색위장 얼룩무늬를 도색한 일단의 독일군 기갑차량들을 발견했다. 그들은 전진하면서 진형을 갖춰 기동하기 시작했다. 전장을 휩쓰는 포 사격의 거대한 불협화음에도 불구하고 독일군의 '네벨베르퍼(Nebelwerfer: 다연장로켓포)'의 독특한 굉음이 그들을 압도했다. 네벨베르퍼가 사격을 할 때마다 불꽃 물결과 거대한 연기구름이 소련군 전선을 향해 호를 그리며 날아갔다. 일제사격이 잇따랐고 독일군 전차들도 앞으로 나아갔다. 그에 대한 대응으로 소련군은 대규모 카투사 다연장로켓 포대를 풀어 포병의 사격을 지원했으며, 로켓들은 기갑부대를 뒤따르는 독일 보병들의 머리 위에 떨어졌다.

독일군의 위치에서 보면 뜨거운 연무 사이로 지평선 위에 낮은 구릉들이 솟아 있었고 그 중심에 274고지와 올호바트카 마을이 있었다. 모델은 여기를 점령해야 소련군의 방어를 돌파하고 9군이 쿠르스크로 진격할 수 있는 길이 열린다고 확신했다. 로코소프스키도 이 지형의 중요성을 인식하고 독일군의 의도를 파악해 그의 부대, 특히 기갑부대를 배치함으로써 마을로 접근하여 그곳을 점령하려는 어떠한 시도도 저지하려고 했다. 실제로 치타델레 작전이 시작되기 전에 올호바트카 마을 및 소보로프카 (Soborovka) 마을과 고지 사이에 있는 지형의 전략적 중요성은 이미 널리 인식되고 있었다. 모델의 주진격축이 향하고 있는 이곳은 소련 민간인과 군인들이 방어선을 구축하기 위해 수없이 뒤집어엎은 상태였다. 이로써 독일군은 사실상 주방어지대에서 가장 강력하고 정교한 구역을 공격하게 될 터였다.

독일군의 공격이 시작되자, 전차 100여 대 이상이 특유의 쐐기대형으로 전개했다. 티거 전차들이 진격의 선봉에 서서 중장갑과 화력을 이용해 소보로프카 마을을 공격했다. 독일군은 더욱더 많은 기갑부대를 전장에 투입했다. 소보로프카 마을과 페르브예 포니리(Pervvye Ponyri) 마을 사이에서 9기갑사단이 다른 기갑사단들과 함께 추가로 전개했다. 정오가 되자, 이 두 마을 사이의 폭이 9.6킬로미터가 되는 전선에서 1,000대가 넘는 전차들이 3,000문 이상의 대포와 박격포의 지원을 받으며 작전을 펼치고 있었다. 소련군도 이 거대한 전력에 맞서 보유한 전차와 돌격포를 총동원했다. 독일군은 거의 대부분이 T-34로 이루어진 이 거대한 소련군 기갑부대와 극도로 복잡하고 강력한 방어망을 뚫고 진격하려고 했다. 독일군 선봉에는 505중전차대대의 잔존 티거들이 있었으나 그들의 중장갑과 강력한 88밀리미터 전차포도 이번에는 큰 힘을 발휘하지 못했다.

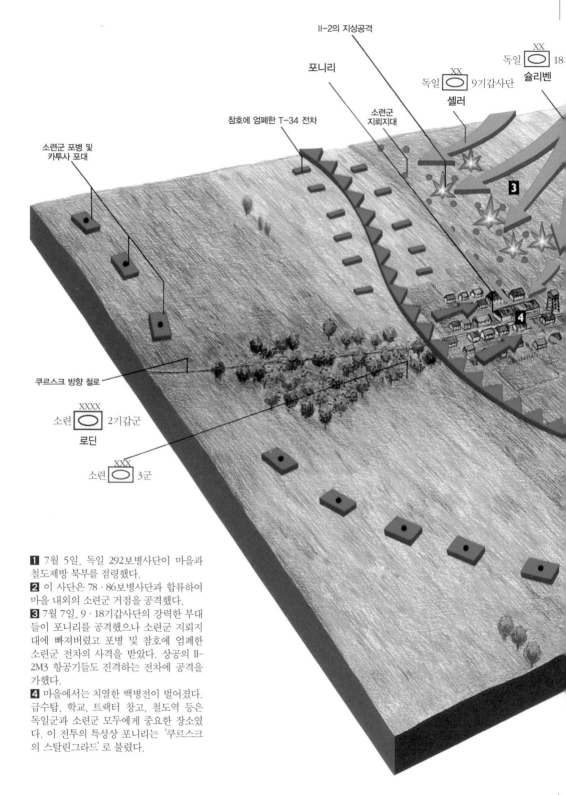

II-2의 지상공격

포니리

독일 ⬭ 18
XX
슐리벤

독일 ⬭ 9기갑사단
XX
셀러

소련군
지뢰지대

참호에 엄폐한 T-34 전차

3

소련군 포병 및
카투사 포대

4

쿠르스크 방향 철로

소련 ⬭ 2기갑군
XXXX
로딘

소련 ⬭ 3군
XXX

1 7월 5일, 독일 292보병사단이 마을과 철도제방 북부를 점령했다.

2 이 사단은 78·86보병사단과 합류하여 마을 내외의 소련군 거점을 공격했다.

3 7월 7일, 9·18기갑사단의 강력한 부대들이 포니리를 공격했으나 소련군 지뢰지대에 빠져버렸고 포병 및 참호에 엄폐한 소련군 전차의 사격을 받았다. 상공의 II-2M3 항공기들도 진격하는 전차에 공격을 가했다.

4 마을에서는 치열한 백병전이 벌어졌다. 급수탑, 학교, 트랙터 창고, 철도역 등은 독일군과 소련군 모두에게 중요한 장소였다. 이 전투의 특성상 포니리는 '쿠르스크의 스탈린그라드'로 불렸다.

94

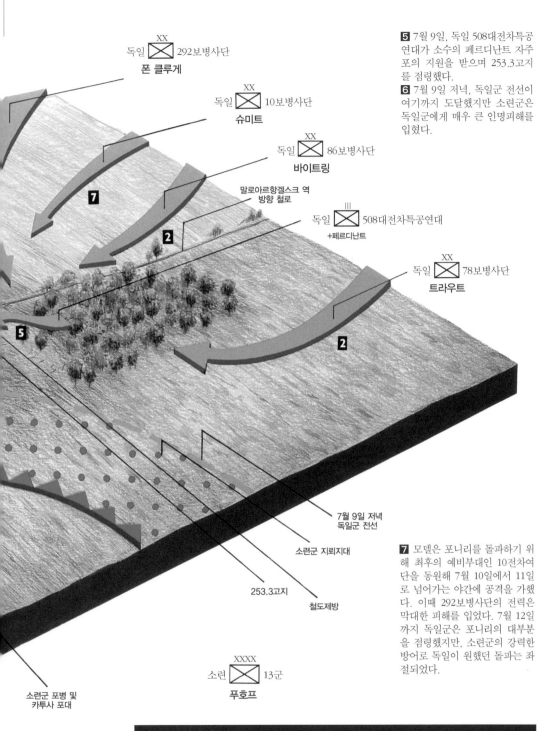

5 7월 9일, 독일 508대전차특공연대가 소수의 페르디난트 자주포의 지원을 받으며 253.3고지를 점령했다.

6 7월 9일 저녁, 독일군 전선이 여기까지 도달했지만 소련군은 독일군에게 매우 큰 인명피해를 입혔다.

독일 ⊠ XX 292보병사단
폰 클루게

독일 ⊠ XX 10보병사단
슈미트

독일 ⊠ XX 86보병사단
바이트링

말로아르항겔스크 역
방향 철로

독일 ⊠ III 508대전차특공연대
+페르디난트

독일 ⊠ XX 78보병사단
트라우트

7

2

2

5

7월 9일 저녁
독일군 전선

소련군 지뢰지대

253.3고지

철도제방

7 모델은 포니리를 돌파하기 위해 최후의 예비부대인 10전차여단을 동원해 7월 10일에서 11일로 넘어가는 야간에 공격을 가했다. 이때 292보병사단의 전력은 막대한 피해를 입었다. 7월 12일까지 독일군은 포니리의 대부분을 점령했지만, 소련군의 강력한 방어로 독일이 원했던 돌파는 좌절되었다.

소련 ⊠ XXXX 13군
푸호프

소련군 포병 및
카투사 포대

포니리를 향한 전투

1943년 7월 5일~12일, 남동쪽에서 본 상황

소련군이 치밀하게 준비한 '대전차포열'이 제몫을 하고 있었다. 방어진지 내에 갇힌 티거와 4호 전차들은 참호 속에서 포탑만 내놓은 T-34의 공격으로 격파당했다. 잘 위장된 거점에서 대전차포열과 무수한 대전차총들이 불을 뿜었다. 다른 독일군 전차들은 지뢰나 보병들에게 희생되었다. 소련군 보병들은 전차나 돌격포가 자신들의 참호를 밟고 지나갈 때를 기다렸다가 튀어나와 뒤에서 엔진실에 화염병을 던졌다. 뒤따르던 독일 보병들은 기관총이나 박격포 세례를 받았다. 이 용광로에 빠진 모든 보병부대는 녹아 없어졌다. 슈투르모빅과 슈투카는 지상 목표물을 끊임없이 공격해댔다. 2·9기갑사단의 전차들은 공격에 나섰다가 격퇴당하고 재편성하여 다시 공격하기를 되풀이했다. 저녁에 전투가 소강상태에 들어갈 때까지 2개 티거 중대가 괴멸되었다. 무수한 티거 및 기타 전차들이 소련군

2기갑사단의 3호 전차와 4호 전차들이 올호바트카 마을 방향의 소련군 방어선을 공격하기 위해 전개하고 있다. 505중전차대대의 티거 전차들이 이 전투의 선두에 섰지만, 9군 전방의 전차 주력은 3호 전차와 4호 전차였다.(독일 연방 문서보관소)

7월 6일, 300밀리미터 네벨베르퍼 다연장로켓포가 모델의 공격을 지원하기 위해 사격 준비를 하고 있다. 소련군의 카투사 다연장로켓과 비슷한 이 독일군 무기는 강력하고 집중적인 탄막사격을 가했다. 공중으로 치솟아 오를 때의 굉음도 이 무기의 또 다른 장점이었다. 재래식 포에 비해 가볍고 이동성이 높아 매우 효율적인 무기였다.(독일연방 문서보관소)

방어선 안에서 격파되거나 방치된 채, 소련군 방어선의 효율성과 방어 군대의 강인함을 말없이 보여주고 있었다. 독일군의 이 실패는 말로아르항겔스크에 대한 23군단의 공격 실패로 더욱 심각한 결과를 초래했다. 어둠이 내리자 벌써 이틀 동안이나 잠을 제대로 자지 못한 많은 독일 전차병들은 전차에서 기어나와 잠잘 곳을 찾았다. 어둠을 밝히는 조명탄과 기관총의 연속적인 발사음이 이날 밤에도 참호에서 독일 보병들과 소련군 대전차병들 사이의 치열한 총격전이 있을 것임을 예고하고 있었다.

7월 7일과 8일에도 모델은 계속 공격을 시도했으나 이번에는 이전보다 더 넓은 전선에 부대를 배치했다. 로코소프스키는 자신의 예비대를 보충하기 위해 전선의 비교적 조용한 구역에 있는 60군과 65군에서 병력을

"티거가 불타고 있다!" 소련군은 많은 수의 티거가 격파되고 있는 것을 독일군이 전투에서 지고 있다는 징후로 받아들였다. 7월 6일 밤, 505중전차대대의 2개 중대가 소련 방어 전력에 의해 괴멸되었으며, 그 외에도 많은 독일 전차들이 방어선 내에서 격파되거나 버려졌다.(독일연방 문서보관소)

차출했다. 60군에서는 1개 사단을, 65군에서는 2개 전차연대를 차출하여 13군의 예비대로 신속히 편입시켰다.

전선의 모든 소련 기갑부대에는 참호를 파고 포탑만 드러내라는 명령이 떨어졌다. 소련군의 전차 손실은 컸으며, 특히 88밀리미터 주포를 가진

〈위〉 독일군 전선으로 향하는 통신선에 대한 대규모 빨치산 공격은 소련군의 전투수행계획의 일환으로 포함되어 있었다. 철도와 도로에 대한 끊임없는 공격으로 많은 물자가 파괴되었을 뿐 아니라 상당한 전력의 독일 병사들이 빨치산 소탕전에 투입되어야 했다. 사진 속에서는 다수의 신입 공산당원들이 입당 선서를 하고 있다. 이것은 군대는 물론 빨치산에서 공산당 입당자의 수가 급격히 늘어났던 이 시기에는 그리 보기 드문 장면이 아니었다.(노보스티 통신사)

〈아래〉 KV-1 1941년형. KV-1의 고별무대가 된 쿠르스크에서 대형전차로 분류될 수 있는 소련 전차는 불과 205대 정도에 불과했다. 상당수의 KV-1이 티거와 판터의 장거리 사격으로 격파되었다. 이 그림에는 포탑에 "10월 25일"이라는 문구가 적혀 있다.

독일의 티거 전차는 사거리가 길어 T-34의 76.2밀리미터 전차포의 사정거리 밖에서 그들을 쉽게 격파할 수 있었다. 7일에 독일군의 공격이 그 양상을 드러냈을 때, 소련군은 올호바트카가 여전히 이 전투의 주요 축선이라고 가정하고 움직였다. 물론 그렇다고 다른 곳에서 벌어진 전투의 잔혹한 양상을 무시했다는 의미는 아니었다. 예를 들어, 영농촌인 포니리 마을과 253.5고지에서 꼬박 하루 동안 지속된 전투에서 뒤엉킨 독일군과 소련군은 그곳에 작은 스탈린그라드를 재현했다. 오렐에서 쿠르스크로 이어지는 철도를 끼고 있다는 지역적 중요성 때문에 이곳에는 농산물의 집하장 및 배급소와 인근 협동농장들을 위한 농기구 정비소가 있었다. 이 초라한 마을에 6일 동안 양군의 한없는 노력이 집중되었다. 독일군은 강력한 기갑부대를 보내면서 이 마을을 점령하면 전차가 마을 뒤의 개활지로 치고 나가 소련군 방어선을 무너뜨릴 수 있을 것이라고 생각했다. 소련군은 이런 독일군의 의도를 저지하고 방어진지를 보강하기 위해 강력한 예비부대를 투입하기로 결정했다.

공세 첫날 독일 292보병사단의 부대들은 철도제방과 마을 북부를 점

령했다. 그러나 6일이 되자 마을 점령을 위한 전투에 더 많은 독일군 부대가 투입되었다. 모델은 마을의 나머지 부분을 점령하려는 292보병사단을 지원하기 위해 9·18기갑사단, 86보병사단까지 동원했다. 소련군도 똑같이 대응해 더 많은 대포, 박격포, 곡사포를 동원했다. 올호바트카 마을 입구에는 많은 전차들이 참호에 엄폐하여, 그러잖아도 강력했던 마을 주변

〈위〉 독일군의 105밀리미터 leFH18/3 곡사포가 불을 뿜고 있다. 탄약수는 이미 약실에 새 탄을 장전할 준비를 하고 있다. 독일군과 소련군의 대규모 포 사격은 7월 7일 모델의 공격 도중에도 잠시 동안 해를 가릴 정도로 엄청난 양의 포연을 피워 올렸다. 이 계속되는 포격으로도 모자라 독일 공군과 소련 공군기들의 폭격이 이어졌다.(독일연방 문서보관소)

〈아래〉 폰 자우켄 장군의 4기갑사단 소속 3호 전차들이 사모두로프카의 방어선을 분쇄하고 쿠르스크로 나아가기 위해 공격을 준비하고 있다. 전방으로 나아가는 독일군 기갑부대들이 전차를 초목으로 위장할 수도 있었기 때문에 소련 공군은 그들을 발견하는 데 더욱 주의를 기울여야 했다.

쿠르스크 1943

치타델레 작전에 참가한 무장 친위대원의 여러 사진을 보면 전투에서 그들이 입은 제복에 많은 변형이 있었음을 잘 알 수 있다. 그림 **2**는 친위대전차특공병(이병)을 묘사한 것이며, 그림 **3**은 친위보병 하사의 모습을 나타낸 것이다. 둘 다 쿠르스크 전투 당시 대부분의 무장 친위대원들의 모습을 보여주고 있다. 그러나 그림 **1**은 쿠르스크 전투에는 참전하지 않은 친위기병사단 기병의 모습을 묘사한 것으로, 쿠르스크 전투에서 많은 친위대 병사들이 착용했던 위장복과 산악모를 쓰고 있다.

의 방어선을 더욱 공고히 했다. 7일, 전차 300대를 몰고 온 독일군은 소련 16·19기갑군단의 T-34들과 정면충돌했다. 포니리에서도 마치 이 전투의 특징을 어느 군이 더 잘 재현하나 경쟁이라도 하듯, 대량의 전차, 포병, 자주포의 지원사격 하에 잔혹한 백병전이 벌어졌다. 7월 6일부터 9일까지 학교, 트랙터 보급소, 철도역, 급수탑 등의 주도권을 놓고 시소게임이 벌어졌다. 다른 곳과 마찬가지로 독일군은 대규모 전차 공격으로 지뢰지대를 돌파했으나 T-34, 대전차포, 대전차소총, 화염병으로 무장한 전차파괴부대에 격멸되었다. 7월 9일, 독일군은 이 마을의 바로 북동쪽에 위치한 253.5고지를 점령하기 위해 페르디난트 자주포 6문의 화력 지원 하에 다시 공격에 나섰다.

올호바트카가 아직도 모델의 주요 표적이라는 소련군의 생각은 확실히 옳았다. 모델은 6일의 손실에는 아랑곳없이 부대를 재편성하여 7일에 전차와 보병을 동원한 돌파작전을 준비했다. 4항공함대의 항공기 중 절반이 돌출부 남쪽에서 9군의 진격을 지원하고 있는 것도 이 목표를 이루겠다는 결의에 힘을 실어주었다.

09:00시에 소련군은 공격을 위해 전개하는 대규모 독일군 전차부대와 그 뒤를 따르는 병력수송 장갑차들을 보았다. 모델은 독일 기갑부대의 육중한 충격으로 최후의 일격을 가해야 한다고 생각하고 있었지만, 이 그릇된 생각은 이 전투에서 소련의 붉은 군대가 승리하게 만든 열쇠였다. 소련군은 이전에 볼 수 없던 집중된 화력 때문에 끔찍한 피해를 입었지만, 그 방어선은 당초의 설계 목적을 완벽하게 수행했다. 모든 독일군은 진격하는 곳마다 시커멓게 그을려 부서진 전차들을 보충하느라 더욱더 많은 전차를 동원하고 있었다. 독일군은 피해를 무릅쓰고 소련군을 괴롭혔지만, 독일 기갑부대를 소진시킨다는 소련군의 기본 목표는 점점 더 달성 가능성이 커지고 있었다.

포병과 공군이 방어선을 향해 공격을 하자, 독일군 공격부대는 두 갈래로 나뉘었다. 한쪽은 사모두로프카(Samodurovka)−테플로예(Teploye)−몰로티치(Molotychi)를 향하는 2·20기갑사단이었고, 또 한쪽은 동쪽에서 다시 올호바트카를 압박하는 18·19기갑사단이었다. 로코소프스키가 이러한 거점들에 증원군을 보냈지만, 폰 자우켄(von Saucken)의 독일 4기갑사단이 사모두로프카를 향한 진격 대열에 합류한다면 전차 300대가 매우 폭이 좁은 전선에 일시에 몰려 소련군의 방어진지를 분쇄하고 방어선을 뚫을 것은 불보듯 뻔했다. 다음날에도 독일군은 계속 압박을 가해왔으며, 사모두로프카에서 페리비예 포니리에 이르는 폭 16킬로미터의 전선에 6보병사단의 지원을 받는 4개 기갑사단을 전개했다. 4기갑사단은 2·20기갑사단과 함께 테플로예 주변의 소련군 방어선을 공격했다.

이후 3일 동안 양군은 마을을 놓고 대규모 전차와 보병, 그리고 강력한 항공지원과 포병지원을 이용해 시소게임을 벌였다. 505중전차대대 3중대 티거들조차도 방어선을 뚫을 수 없었으나, 독일군은 결국 마을을 점령했다. 그러나 그 너머에 있는 고지를 점령하려는 세 차례 시도는 모두 소련군의 맹렬한 반격으로 좌절되었다. 포병 사격으로 불폭풍이 몰아치자 전차 공격은 약해졌다. 동쪽으로 몇 킬로미터 떨어진 올호바트카 앞에서 독일군은 소련군 방어선에 거듭 공격을 가하여 결국 대전차 방어선을 무너뜨렸고 철도제방의 경사면을 향해 전진했다. 독일군은 철도제방의 경사면과 274고지의 정상에 자리 잡은 참호 속 방어병력을 향해 거듭 공격을 퍼부었지만, 그것은 독일군 기갑전력을 약화시키는 또 다른 함정이었다.

7월 9일 오후, 6보병사단은 격파된 독일 및 소련 전차들의 잔해와 대전차포 진지, 그리고 양군의 시신들 사이로 274고지의 경사면을 공격했다. 이 치열한 전투에서 독일 보병들은 경사면의 저지대를 가로지르는 소련군 참호선을 공격했으나 곳곳에 널린 참호와 철조망 그리고 지뢰지대에 걸려 진격할 수 없었으며, 쉴 새 없는 포 사격과 소련 보병의 국지적인 반격에 밀려 후퇴해야 했다. 테플로예 공격과 함께 이 공격은 돌출부 북부에서 전

〈위〉라이프스탄다르테 아돌프 히틀러와 다스 라이히 사단의 티거들이 오보얀을 향해 북으로 진격하면서 야코블레보 근교에서는 대규모 전차전이 벌어졌다. 포수들은 초원지대의 탁 트인 시계를 이용하여 티거 전차의 88밀리미터 KwK36 (L56) 전차포의 사거리를 최대한 활용할 수 있었다. T-34의 76.2밀리미터 포의 사거리를 벗어난 지점에서 포문을 여는 티거는 소련군이 전장을 이탈하기까지 많은 T-34를 격파할 수 있었다. T-34의 76.2밀리미터 BP-350P HVAP9탄(High Velocity Armour Piecing: 고속철갑탄)은 500미터 거리에서 94밀리미터의 장갑을 관통할 수 있었지만, 티거의 88밀리미터 포탄은 1,500미터 이상 떨어진 소련군 전차의 47밀리미터 두께를 가진 전면장갑을 관통할 수 있었다. 이것은 전차전에서 소련군 전차에게는 중요한 약점이었으며, 아마도 이 때문에 로코소프스키와 바투틴은 각자의 전구 특정 구역에서 T-34를 참호 속에 배치한 것으로 보인다.(독일연방 문서보관소)

〈아래〉다스 라이히 사단의 판터 전차들은 7월 6일 이른 아침 탄약 보급을 받고 티거 전차들과 함께 소련군의 2차 주방어선으로 진격했다. 판터 D형은 약간 뒤에 나온 판터 A형과 마찬가지로 79발의 각종 탄약을 탑재한다. 철갑탄인 PzGr40탄을 쓰면 당시 알려진 어떤 전차의 장갑도 격파할 수 있었다. T-34 전차의 전면장갑은 800미터, 그보다 얇은 측면과 후면 장갑은 2,800미터 거리에서도 관통할 수 있었다.(독일연방 문서보관소)

개된 독일군 공격의 최고정점을 이루었다. 이후 며칠간 방어선을 돌파하려는 시도가 여러 번 더 있었지만, 격파된 독일 전차들의 잔해는 모델의 공세가 이미 여력을 다하고 약해지기 시작했음을 말없이 증언하고 있었다.

∶∶ 7월 6일~9일 : 2친위기갑군단과 48기갑군단

7월 5일 저녁, 바투틴은 독일군이 예상 외로 많이 잠식해 들어왔음을 알게 되었다. 가장 큰 위협은 그날 밤까지 1차 방어선을 돌파하고 이튿날 새벽에 2차 방어선으로 돌격할 준비를 하고 있는 2친위기갑군단이었다. 48기갑군단의 진격 상황은 그보다는 덜 심각했지만, 바투틴은 그들과 친위기갑군단이 연합하면 6근위군 전면에 치명적인 위협이 될 것으로 생각했다. 따라서 예비대를 투입해 오보얀으로 가는 길목을 방어해야 할 필요성이 더욱 커졌다. 실제로 이런 상황 때문에 스탈린은 로코소프스키에게 이전에 중부전구에 지원해주기로 약속했던 27군을 남부로 빼서 바투틴이 오보얀 축선을 방어하기 위해 재배치하고 있는 부대들을 지원하는 데 쓰라고 지시하기도 했다. 이에 따라 전차 640대를 보유한 카투코프(Katukov)의 1기갑군은 2·5근위기갑군단과 함께 치스챠코프(Chistyakov)의 6근위군 후방으로 이동하라는 명령을 받았다. 바투틴이 카투코프 기갑군 예하의 T-34와 소수의 KV-1을 다음날 아침 4기갑군에 대한 반격에 투입하자고 제안하자 격론이 벌어졌다. 카투코프는 너무 많은 소련 전차들이 티거와 판터의 원거리 사격으로 격파당하고 있다는 사실을 지적했다. 그리하여 소련 전차들은 중부전구에서 하던 식으로 포탑만 남기고 참호에 엄폐한 채 오보얀으로 가는 독일군을 저지하게 되었다.

　7월 6일, 친위기갑군단의 전차들은 연료와 탄약을 보급받고 공세를 재개할 준비를 했다. '라이프스탄다르테'와 '다스 라이히' 양 사단은 티거를 앞세우고 북으로 진격했고, 벨고로트-오보얀 사이의 길에 전차 120대

〈위〉 7월 7일 기갑사단의 진격을 지원한 것은 사단 자주포 부대의 베스페 포대였다. 105밀리미터 leFH18M L/28 경곡사포를 탑재한 자체추진 무한궤도차량인 베스페는 쿠르스크에서 처음으로 진가를 발휘했으며, 이후에도 매우 커다란 효과를 발휘했다. 베스페는 1942년부터 1944년까지 682대가 생산되었다.(독일연방 문서보관소)

〈중간〉 7월 8일, 토텐코프 사단의 주력은 북으로 전진하는 다른 2개 친위사단의 측면을 호위하고 있었다. 켐프 특수임무군이 원래 계획되어 있던 전진 목표를 달성하지 못했기 때문에 생긴 일이었다. 이 사단의 돌격포대대는 광범위한 교전에 참여하여, 전차의 지원을 받으며 친위기갑군단의 후위를 노리던 69군 예하 부대들과 격전을 치렀다. 토텐코프는 7월 8일 저녁에 167보병사단과 임무를 교대했고, 7월 9일에는 앞서 북동쪽의 프로호로프카로 출발한 다른 친위사단들과 합류하기 위해 이동했다. (독일연방 문서보관소)

〈아래〉 쿠르스크 전투는 독일군에 포로로 잡힌 소련군이 있는 마지막 전투였다. 독일군 자료에 따르면, 7월 13일 히틀러가 치타델레 작전 중지를 명령할 당시 소련군 3만 4,000명 이상이 남부집단군의 포로로 잡혀 있었다. 4월에 발령되었던 치타델레 작전의 최초 지침에 따라 이 사진에 나온 사람들 중 많은 이들이 노예노동자로 독일에 끌려갔다.(독일연방 문서보관소)

가 진출했다. 야코블레보(Yakovlevo) 근방에서 라이프스탄다르테는 소련 군 1근위기갑여단의 전차들과 격돌하여 치열한 전투를 벌였다. "약 1,000 미터 떨어진 두 경사면에서 양군은 마치 체스판의 말들처럼 서로를 바라보고 판세를 자신들에게 유리하게 바꾸기 위한 갖가지 수를 동원했다. 모든 티거들이 불을 뿜었다. 환희에 찬 엔진의 포효소리로 전투가 달아올랐다. 그러나 전차를 조종하고 다루는 인간은 침착해야 했다. 우리는 침착성을 발휘하며 신속하게 장전하고 재빠르게 이동명령을 내렸다. 몇 미터를 전진한 뒤 왼쪽으로 그리고 다시 오른쪽으로 차체를 비틀어 적의 조준선을 피하면서 순간적으로 사격을 가했다. 우리는 불타는 소련 전차의 수를 세었다. 그들은 두 번 다시 독일 병사들에게 사격을 가하지 못했다. 1시간 후, T-34 12대가 불타고 있었다. 그 밖에 살아남은 30대는 앞뒤로 난폭하게 움직이며 포신이 견딜 수 있는 한 빠르게 포탄을 쏘아대고 있었다. 그들은 조준을 잘 했으나 우리의 장갑은 매우 강했다. 적의 강철 주먹이 우리 전차를 쿵쿵 두드려도 우리는 더 이상 움찔하지 않았다. 그럴 때마다 우리는 우리 얼굴 위에 떨어진 전차 내벽의 페인트 가루를 털어내고 재장전, 조준, 사격을 반복했다."

독일 전차들은 근접항공지원을 받으며 소련군의 방어를 격파했고, 11:00시에는 155근위소총연대를 유린하여 벨고로트-쿠르스크 고속도로를 지키는 소련 방어선에 구멍을 냈다. 정오가 되자, 다스 라이히 사단의 '데어 퓌러(Der Führer)' 연대가 루츠키(Luchki) 마을을 공격했다. 이 대담한 기습 결과 치스챠코프의 6근위군 방어선에는 큰 구멍이 생겼고, 하우저(Hausser)는 그곳을 통해 즉시 전차와 기계화보병들을 밀어넣었다. 7월 6일 날이 저물자, 친위기갑군단은 소련군의 2차 방어선 안으로 완전히 돌입했다. 그러나 2친위기갑군단의 우익에서 함께 진격하기로 되어 있던 켐프 특수임무군의 전진이 부진했기 때문에 친위기갑군단은 북진할수록 측면이 더욱 크게 노출되었고, 하우저는 부족한 보병부대 대신 기동부대를 남겨 소련 보병의 잦은 공격을 막아야 했다. 보병 전력 부족의 결과를 실감하기 시작했다. 6일 저녁에는 폰 만슈타인의 기갑부대 중 30퍼센트 이상이 군단의 측면 방어에 투입되었다. '토텐코프' 사단의 경우 7월 8일까지 군단의 측면을 방어하기 위한 전투를 벌였고, 이제는 전차까지 동원된 소련 보병의 공격에 고착되었다.

독일군의 전진에 대한 대응으로 STAVKA는 프로호로프카 지역에 2 · 10기갑군단을 배치하고, 23:00시에는 스텝 전구 소속 예비대이던 5근위기갑군에게 배치전환 명령을 내렸다. 로트미스트로프에게 이 명령은 7월 9일까지 기갑부대와 지원부대를 끌고 300킬로미터 거리를 강행군하여 프로호로프카 근교에 재집결하라는 뜻이었다. 독일군이 소련군 방어선 내에 상당히 진출해 있는 것처럼 보였지만 그에 따른 대가도 엄청났다는 사실에는 의문의 여지가 없었다. 라이프스탄다르테의 7월 6일 작전일지에는 전사자가 84명, 부상자가 384명인 것으로 기록되어 있었다. 6일 저녁, 바

티거 E형. 3친위기계화보병사단 토텐코프는 치타델레 작전 중 티거 전차 15대로 구성된 1개 전차중대를 전투에 투입했다. 전차중대장의 전차는 번호 '100'을 부여받았고 다른 전차들은 표준 세 자리 번호체계를 사용했다. 토텐코프 사단의 전차들은 그림에 나온 것처럼 쿠르스크 전용 특별 사단 마크를 사용했는데, 공세기간 중 6기갑사단도 이런 마크를 사용했다.

투틴은 스탈린에게 치스차코프의 6근위군 구역에서 독일 전차 332대를 격파했고 자신들이 결국 후퇴하기는 했지만 그날 하루 동안 12회에 걸친 독일군의 공격을 격퇴했다고 전화로 보고했다. 슈밀로프의 7근위군은 독일군을 최소 1만 명 사살하는 전과를 기록했다. 중부전구의 경우와 마찬가지로 독일군은 소련군에 막대한 인명피해를 입히고 있었으나, 그 피해는 장기적인 관점에서 볼 때 회복될 수 있는 것이었다. 그보다 더 중요한 사실은 소련의 방어전략이 독일 기갑부대를 소진시킨다는 본래의 목적을 달성하고 있다는 것이었다. 스탈린은 바투틴에게 그들의 핵심 임무는 독일군의 전력을 계속 소모시키는 것이라고 누누히 반복해서 말했다. 상황은 아직 소련이 반격으로 전환할 여건이 되지 못했다.

7월 7일, 4기갑군 전방에는 전반적으로 큰 상황변화가 있었다. 어둠이 채 가시지 않은 새벽, 라이프스탄다르테 아돌프 히틀러와 다스 라이히 사단은 오보얀을 향해 북서 방향으로 진격하기 시작했다. 04:00시, 독일 48기갑군단 전선에서는 독일 3 · 11기갑사단과 그로스도이칠란트 사단이 공조하여 전차 약 400대를 끌고 대규모 진격을 개시하여, 카튜코프의 1근위기갑군 예하 3기계화군단 및 31기갑군단을 공격했다. 5일 저녁부터 6일 새벽에 걸쳐 48기갑군단의 모든 부대는 막강한 2차 방어선을 구축하며 참호 속에 엄폐한 T-34와 대전차포, 화염방사기 등을 상대로 치열한 전투를 벌였다. 보병들은 전차와 돌격포의 지원을 받아가며 지뢰지대를 개척했고 적의 진지에서 백병전을 벌였다. 간헐적인 뇌우로 대지를 가르고 있던 곳곳의 도랑들이 범람하여 늪지대로 변해버린 땅 위에서 양군의 병사들은 상대방을 붙잡고 싸웠다.

7일 해가 뜨자, 48기갑군단의 독일 전차들은 포병의 강력한 지원사격을 받으며 진격을 재개하여 시르트세보(Syrtsevo)와 야코블레보 사이의 소련군 거점을 공격했다. 두브로바(Dubrova)는 빠르게 점령되었다. 독일군이 강하게 압박하여 6근위군 잔존부대의 전선을 돌파하자, 소련군은 무질

서하게 후퇴하기 시작했다. 그러나 시간이 지나면서 소련군도 항공지원을
요청했고 독일군 기갑부대의 선두는 맹렬한 급강하 폭격을 당했다. 또한
더 많은 수의 소련군 전차들이 나타나 독일군이 제공권을 상실한 기회를
이용했다. 그렇지만 소련군은 독일군의 압박으로 시르트세보까지 후퇴했

〈위〉 다스 라이히 사단의 판터 지휘관이 다른 전차들에게 초원을 가로지르는 동안 대형을 유지하라고 수신호로 지
시하고 있다. 이와 같이 탁 트인 평원에서 판터는 티거와 마찬가지로 75밀리미터 주포의 위력을 극대화할 수 있었
다.(독일연방 문서보관소)
〈아래〉 패자는 말이 없다. 친위기갑군단 소속 티거의 주포에 격파된 차량 2대가 보인다. 우측의 SU-122는 적 보병
또는 전차 대형에 직사 화력지원을 펼치는 데 주안점을 두고 설계한 차량이다. 그러나 이 차량의 대전차 능력은 형
편없었고 탑재한 HEAT탄(High Explosive Anti Tank: 대전차 고폭탄)의 성능은 기대에 못 미쳤다. 소련군의 자주
포(Samokhodnaya Ustanovka, 줄여서 SU) 계열 차량은 독일군의 성공적인 돌격포를 모방하여 장갑판을 달고 나
온 자주포로, 1941년 실전에 처음 투입되었다. 좌측에 있는 차량은 T-34 1943년형으로 니즈니 타길(Nizhni Tagil)
에 위치한 우랄 기차공장, 즉 자보드(Zavod) 183에서 생산되었을 가능성이 높다.(독일연방 문서보관소)

〈위〉 7월 8일 오후, 3기갑사단은 소련군의 2차 방어선에 있는 요새화된 시르트세보를 향해 진격했다. 이 사진 속에는 고지 꼭대기에 있는 마을 쪽으로 진격하는 3호 전차 대열이 보인다. 우측에서 소련 항공기의 잔해가 불길을 내뿜고 있다. 치타델레 작전 직전에 보고된 3기갑사단의 전력은 4호 전차 33대와 3호 전차 30대였다.(독일연방 문서보관소)

〈아래〉 브루노 마이어(Bruno Meyer) 대위가 이끄는 이 헨셸 Hs129 항공기들은 7월 8일 친위기갑군단의 남쪽 측면을 노린 예기치 않은 소련 기갑부대의 습격을 저지하기 위해 미코야노프카 비행장에서 긴급 출격하고 있다. 미코야노프카 비행장은 하리코프 근방의 대규모 독일 공군기지였다. 이 기지에는 Hs129 이외에도 He111과 Ju88 비행연대도 있었다. 미코야노프카는 독일군 공세 개시일에 수포로 끝났던 소련 공군 선제 공격의 중요 목표물 중 하나였다.(독일연방 문서보관소)

다. 그곳은 오보얀 전면 방어선의 마지막 거점이었다. 11기갑사단은 이미 마을 북쪽으로 진격해 벨고로트-쿠르스크 도로를 타고 동쪽으로 달리고 있었다. 그로스도이칠란트 사단은 시르트세보 양쪽 측면의 고지를 공격했으나, 아주 강력한 적의 저항 속에 판터를 포함한 독일 전차들은 지뢰지대에 돌입하는 실수를 범했고, ㄱ 자리에서 강력한 대전차포 사격을 받게 되어 정면공격으로 마을을 점령하려던 시도는 수포로 돌아갔다. 그럼에도 불구하고 소련군 진지들은 점점 더 위험한 상황에 빠져들고 있었다. 훗날 포피엘(Popiel) 소장은 7월 7일이 쿠르스크 전투에서 가장 힘든 날이었다고 술회하기도 했다.

7월 7일, 48기갑군단의 전과는 2친위기갑군단이 거둔 성공으로 극대화되었다. 2친위기갑군단의 초기 목표는 테테레비노(Teterevino) 마을이었는데, 항공정찰을 통해 그곳에 상당한 전력의 소련군 기갑부대가 있다는 것이 보고되었다. 대지공격기(마이어Meyer의 헨셀과 드루셀Druschel의 포케불프)의 공격이 끝난 뒤 친위기갑군단은 테테레비노로 진격했다. 전차들은 외곽 방어선을 뚫고 들어가 거주지 앞에 구축된 주방어선에서 전투를 벌였다. 오후 내내 독일 전차들과, 29대전차여단의 대전차포를 비롯한 소련군 포병 및 T-34들 사이에 격렬한 화력전이 지속되었다. 독일군 공격부대의 티거들이 마을을 공격하여 여단지휘소를 습격해 모든 참모 장교들을 포로로 잡았다. 무장친위대 군단은 테테레비노 함락과 라이프스탄다르테 아돌프 히틀러 및 토텐코프 사단 예하 부대들의 그레즈노예(Greznoye)를 향한 진격으로 프셀 강 앞에 있는 소련군 최후방어선에 돌입할 수 있게 되었다. 다른 친위대 부대들은 북동쪽으로 나아가 프로호로프카로 향했다. 부대들이 진격하는 동안 마치 소련이 곧 무너질 것 같아 보였던 바르바로사 작전 때처럼, 친위대의 헌병들은 무수한 포로들을 후방으로 이송했다. 6근위군의 전방은 이제 완전히 무너졌고 결국 독일군의 오보얀 도달은 성공이 분명해졌다.

이제 돌출부 남쪽의 모든 소련군 거점이 위험해졌다. 이 긴박한 상황을 접한 바투틴과 흐루시초프는 다음과 같은 절대적인 명령을 내렸다. "어떤 일이 있더라도 독일군이 오보얀을 돌파하게 해서는 안 된다." 6근위

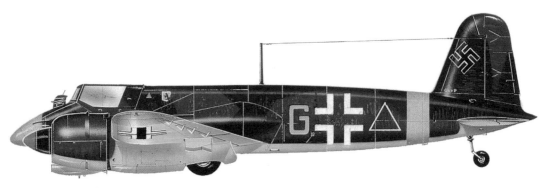

1대지공격기비행단(Schlachtgeschwader: Sch.G 1) 8비행중대(Staffel) 소속 헨셸 Hs129B. 이 비행기는 기체 하부에 30밀리미터 Mk101 캐논을 장착하고 있다. 이런 종류의 항공기를 대량으로 투입하여 거둔 주목할 만한 성과로 7월 8일 친위기갑군단 측면 공격을 기도하던 소련군 전차를 다수 파괴했다는 기록이 전해지고 있다.

전투단(Battle Formation) '드루셸'(1대지공격기비행단 11비행중대) 소속 Fw190A-4. 이 비행기는 SD-1 및 SD-2 세열폭탄(細裂爆彈)을 사용하며 치타델레 작전 기간에 Hs129의 근거리에서 활동했다. 이들은 친위기갑군단을 지원하여 그들이 초기에 소련군 방어선을 돌파하는 데 중요한 역할을 맡았다.

소련 공군은 1942년 실전에 투입된 야코블레프 Yak-1M에 이어 Yak-3을 쿠르스크 전투에서 처음으로 실전에 투입함으로써 기술적으로 독일 공군의 항공기 수준에 필적하는 뛰어난 전투기들을 실전 배치하기 시작했다. 소련군은 쿠르스크 전장 상공에서 처음으로 제공권을 놓고 독일군과 맞붙었다.

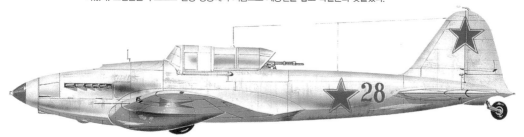

쿠르스크 전투(실제로 전쟁 전체에 걸쳐 사용된) 소련 공군의 중요한 대지공격용 항공기는 일류신 Il-2 슈투르모빅이었다. 여기에 실린 IL-2m3은 후부에 기총사수석이 있고 더 강화된 장갑이 장착되었다. Il-2는 주익 밑에 장착한 37밀리미터 캐논으로 중부전구에서 9기갑사단의 전차를 다수 파괴했다.

7월 8일, 베르호페니예 마을로 진격하는 정찰대를 지원하던 돌격포대대는 소련군 전차와 전투를 벌였으며 미국이 무기대여법에 의해 제공한 M-3 리(Lee) 전차 다수를 포함한 소련 전차 35대를 격파했다. 미국은 소련에 M-3 1,386대를 제공했다. 소련 전차병은 이 전차가 독일군의 포화에 너무 약하고 쉽게 화재가 났기 때문에 이 전차를 '일곱 전우의 무덤'이라고 부르며 싫어했다.(독일연방 문서보관소)

군의 전 전선에 대한 독일군의 끊임없는 압박으로 전선에 구멍이 생기자, 이를 봉쇄하기 위해 출동한 소련군 부대들은 치열한 전투 속에서 괴멸되었다. 그날 저녁 늦게 1기갑군 사령부에서 열린 회의에서 소련군은 대지 공격용 항공기의 거의 끊임없는 지원을 받으며 공지합동작전을 벌이는 독일 전차들, 특히 티거의 중장갑과 거대한 화력을 격퇴하기가 어렵다는 것을 확인했다. 그렇지만 흐루시초프는 군사평의회 의원으로서 권위를 갖고 거기 모인 모든 장교들에게 분명하게 밝혔다. "앞으로 2, 3일 동안은 매우 가혹한 날이 될 것이오. 우리가 지키지 않으면 쿠르스크는 독일군의 손에 넘어가게 되오. 그들은 이 한 장의 카드에 모든 운명을 걸었소. 그들에게 이것은 생사가 걸린 문제요. 우리는 그들의 목이 부러지는 꼴을 꼭 봐야 하오!" 바투틴은 일련의 명령들을 쏟아내기 시작했다. 모스칼렌코(Moskalenko)의 40군에 속한 대부분의 기갑부대와 포병들이 1기갑군과 6근위군을 지원하기 위해 파견되었다. 8군은 독일 4기갑군을 향해 두 차례 역공을 수행하라는 명령을 받았으며, 그것은 오보얀 접근로를 담당하는 소련군 부대에 가해지는 압박을 줄이기 위함이었다. 밤새 명령들이 계속하여 하달되었고, 부대들은 다음날의 작전을 준비하기 위해 재배치되었다.

7월 8일 새벽, 독일군은 시르트세보를 점령하기 위해 그로스도이칠란트 사단을 내세워 진격을 재개했다. 소련 40군의 공격은 역풍을 맞았다. 오전에 크리보셰인(Krivodhein) 장군의 3기계화군단 소속 T-34 40대가 독일군의 진격을 막기 위해 시르트세보에서 출동했으나 그로스도이칠란트 사단 티거 중대의 공격에 말려들었다. T-34 10대가 격파당했고 잔존 전차들은 독일군이 진격해오자 신속히 전장을 이탈했다. 마을 방어선 주변의 소련군들이 무너지기 시작했고, 그로스도이칠란트 사단과 3기갑사단 예하 부대들은 이 혼란을 틈타 진격했다. 정오가 조금 지난 시각에 마을은 함락되었고 소련군은 페나 강을 건너 후퇴했다. 그 뒤를 따라 돌격포대대의 지원을 받는 사단 정찰대대가 베르호페니예(Verkhopenye) 마을로 신속하게 진격했다. 이 마을은 페나 강을 가로지르는 다리가 있다는 점에서 대단히 중요했는데, 소련군은 그 다리를 지키려고 작정한 상태였다. 최소 40대의 T-34 전차와 M-3 전차가 독일군 부대에 맞서기 위해 출동했다. 전투는 3시간 동안 계속되었다. 독일군의 돌격포는 오후 늦게까지 소련군 전차 35대를 격파했다.

남쪽에서는 다양한 역사가 만들어지고 있었다. 7월 7일 저녁 아주 늦은 시각, 소련 2근위기갑군단장은 기갑부대와 지원 보병부대를 집결시켜 고스티시체보(Gostishchevo) 마을 근교의 숲속에 있던 주둔지로부터 서쪽으로 공격하라는 명령을 받았다. 친위기갑군단의 측면으로 깊이 공격해 들어가 적의 보급로를 차단하는 것이 그들의 임무였다. 이렇게 숲속에서 시작된, 독일군이 전혀 예상치 못했던 소련군 전차와 보병의 진격은 헨셸 Hs129 1개 편대를 가지고 그 지역에 대한 통상적인 초계임무를 수행하던 마이어 대위에게 우연히 발견되었다. 헨셸 공격기들은 30밀리미터 캐논으로 T-34를 파괴하기 시작했다. '드루셸' 전투단(Battle Formation 'Druschel')의 Fw190기들도 지원에 나서 소련군 보병에게 인마살상용 폭탄을 투하했다. 1시간도 채 지나지 않아서 T-34 50대가 파괴되어 전장에 나뒹굴고 있었다. 이것은 전사(戰史)에서 전차부대가 공중 공격만으로 전멸당한 첫 번째 사례였다.

그날부터 9일 내내 4기갑군은 오보얀을 향해 성공적인 공격을 펼쳤다. 강력한 독일군 기갑부대가 소련군의 1기갑군 및 6근위군을 실컷 두들겨패 만신창이로 만들었는데, 두 소련군 부대는 8일 오후에 STAVKA 예비대로부터 증원 병력을 공급받았다. 드라군스키(Dragunsky) 중장은 당시 상황을 이렇게 설명했다.

"초원에서, 고지에서, 골짜기에서, 마을에서 … 어디에서나 사상 유례가 없는 치열한 전차전이 벌어지고 있었다. 전투가 가능한 지형이면 어디에서든 전투가 벌어졌다. 수백 대의 독일 전차와 야포, 항공기들이 박살나

〈위〉 1기갑군 사령관 카투코프 장군은 10기갑군단의 T-34를 7월 9일 오보얀을 공격한 강력한 독일군을 반격하는 데 동원했다. 격전 끝에 양군 전차는 막대한 피해를 입었다. 소련군은 어떤 대가를 치르고서라도 오보얀을 독일군에게 넘겨주지 않겠다는 결의를 다졌다.(노보스티 통신사)

〈아래〉 4기갑군 소속 11기갑사단의 3호 전차와 4호 전차가 오보얀 방향의 치스챠코프의 6근위군 부대를 향해 진격하고 있다. STAVKA 예비대의 소련군 기갑부대가 마을과 프셀 강의 중요한 다리를 점령하려는 독일군을 막는 데 동원되면서 대규모 전차전이 벌어졌다.(독일연방 문서보관소)

고철더미가 되었다. 동시에 작렬하는 수천 발의 포탄과 폭탄이 뿜어내는 연기는 태양을 거의 가려버릴 지경이었다. 7월 8일 저녁을 앞둔 시점이 되자 한 연대당 전차가 겨우 10대밖에 남지 않았다. 인접 여단은 다른 구역으로 철수해야 했다. 우리의 전차연대는 더 이상 위치를 지킬 수 없었다. 대대들과의 통신은 끊어졌고 철갑탄이 모자랐다. 또한 부상자들도 많았다. 마치 불바다 속의 섬 위에 있는 것 같았다. 이 구역에 더 이상 있는 건 바보짓이었다. 우리는 여단 주력과 합류해야 했다."

7월 9일 이른 아침에 호트는 500대가 넘는 전차를 가지고 베르크호페니예와 솔로티노(Solotino) 사이에 있는 폭 16킬로미터의 전선에서 공격을 시작했다. 다시 한 번 1기갑군의 전차와 6근위군의 보병을 상대로 진격하는 독일군은 60~100대 정도의 전차로 구성된 쐐기진형을 전개하면서 당연히 티거를 선두에 세웠다. 저녁 늦게 독일군은 소련군을 오보얀 방향으로 19킬로미터 밀어내는 데 성공했으나 값비싼 대가를 치뤄야 했다. 소련군의 추산으로는 이때 230대의 독일 전차와 돌격포가 파괴되고 약 1만 1,000명이 전사했다. 그로스도이칠란트 사단에도 이제 운용 가능한 전차는 약 100대밖에 남아 있지 않았다. 9일 오후 늦게 호트는 자신의 부대를 재편성하기 시작했고, 공격의 중심축은 북동쪽으로 전환되어 오보얀에서 프로호로프카로 향하는 방향을 가리켰다. 이제 며칠 후면 역사상 가장 거대한 전차전으로 기록될 막강한 양군 기갑부대 간의 충돌이 벌어질 참이었다.

:: 켐프 특수임무군

7월 5일 내내 독일 3기갑군단과 '라우스' 특별 돌격군단은 도네츠 강과 철도 사이에 있는 4.8킬로미터 깊이의 지뢰지대 및 강력한 방어시설에 맞서 악전고투를 거듭했다. 그러나 대부분의 전차들은 밤이 될 때까지도 강을 건너지 못했다. 첫날부터 이토록 격렬한 전투를 벌인 슈밀로프의 7근위군은 어쩔 수 없이 땅을 내주었다. 밤새 독일 3기갑군단 예하 각 사단들이 7기갑사단의 후방에 6기갑사단과 함께 배치되었다.

7월 6일 새벽, 독일군 19기갑사단은 168보병사단 주력부대의 지원을 받으면서 벨고로트 북동쪽에 강력한 참호선을 두른 고지를 공격했다. 이후 3일간 이곳에서 벌어진 격전에서 독일군은 소련군에게 계속 강력한 압박을 가했으나, 붉은 군대는 독일 6기갑사단과 19기갑사단이 공동작전을 펼쳐 멜리호보 방향으로 돌파한 뒤에야 벨고로트 고지에서 물러섰다. 이 부대들은 산등성이에 잘 위장한 강력한 소련군에 효과적으로 맞서기 위해 사단 경계선도 바꾸는 유연한 전차 전개를 펼쳤으며, 종심 깊은 지뢰밭에 빠진 상황에서도 2개 소련군 소총사단을 포위 · 섬멸해버렸다.

그 전날, 3기갑군단장 브라이트 장군은 중대한 결단을 내려야 했다. 그는 동쪽으로 진격해 코로차(Korocha)를 치기로 한 원래 계획을 결국 포기했다. 도네츠 강 동쪽에서 마을에 이르는 진격축선을 막고 있던 소련군 방어선이 너무 강했다. 브라이트는 호트가 그의 군단 기갑부대에 부여한 아주 중요한 시간표를 준수하기 위해 그들을 쳐부수는 데 시간과 노력을 허비하지 않기로 결정했던 것이다. 만약 3기갑군단이 프로호로프카에서 4기갑군과 충돌하게 될 소련 기갑예비대의 남쪽 측면을 칠 수 있는 위치에 갈 수 있다면, 온 힘을 기울여 그렇게 해야만 했다. 따라서 브라이트는 7기갑사단에게 북쪽으로 선회하여 6기갑사단을 지원하라고 명령했다. 그리고 6기갑사단에게는 소련군 방어선을 돌파하는 데 중심이 되고 소련군을 가급적 강력하게 프로호로프카로 밀어붙이라는 임무를 맡겼다. 전 군단의 진격축이 북쪽으로 이동함에 따라 이전의 소련 방어부대는 3기갑군단의 확장된 동쪽 측면에 맹공격을 퍼붓기 시작했다. 남쪽에서 주력 전진부대의 측면은 106보병사단과 320보병사단이 차단 작전으로 보호했다. 그들은 독일군 후방으로 파고들려고 시도하는 볼찬스크 집단(Volchansk Group)에 막대한 피해를 입혔다. 전투가 진행되면서 7기갑사단은 북쪽으로 진격하는 6기갑사단의 측면 엄호 기동대 역할을 점점 더 많이 수행하게 되었다. 3기갑군단이 북쪽으로 진격하느냐 못 하느냐에 전투의 성공이 달려 있었는데도, 독일군은 7월 9일 소련군 방어선에서 싸움에 휘말려 있었다. 그날 오후 호트가 4기갑군 예하 부대들을 재편성하여 프로호로프카로의 진격을 준비하던 중, 로트미스트로프의 5근위기갑군 선두부대는 이미 마을 북서쪽의 집결지점으로 이동하고 있었다.

⁝ 7월 10일 : 9군/중앙전구

7월 9일 내내 독일군은 포니리를 향한 공격을 계속했지만, 8일 테플로예 및 올호바트카 고지를 향한 공격에 실패하면서 모델은 9일 하루 종일 부대를 재편성해야 했다. 그는 10일에 다시 공격을 재개하려 했고 이미 포니리를 향한 계속되는 공격을 지원하기 위해 10기계화보병사단과 31보병사단을 이동시킨 상태였다. 이들 사단들은 그의 마지막 예비대였으므로 이들이 공격에 나섰다는 것은 이제 비상사태에 대비할 여력이 없다는 뜻이었다. 아마 9군 중에는 소련군 전선을 돌파하기까지 최후의 일격밖에 남지 않았다고 생각하는 사람이 여전히 있었을지 모르지만, 7월 9일 이른 아침에 주코프와 스탈린 사이에서 이루어진 전화통화 내용을 보면, 그들이 독일군에게는 목표를 이루는 데 필요한 자원이 더 이상 존재하지 않는다고 확신하고 있었음이 분명히 드러난다. 이에 따라 브리얀스크 전구와 서부전구의 좌익이 7월 12일 오렐 돌출부의 독일군 부대를 공격하여 9군으로부터 전력을 빼내지 않을 수 없게끔 하자는 결정이 내려졌다. 그 뒤에 균형을 잃은 독일군이 방어체제를 재정비하기 전에 중앙전구가 반격에 나서 그들을 처리할 예정이었다. 로코소프스키는 자신의 부대들이 앞으로도 며칠은 더 독일군의 노도를 감당해야 한다고 생각하고 있었지만, 그것도 이제는 실질적으로 이미 패배한 독일 일개 군의 절망적인 최후의 몸부림에 지나지 않을 것으로 보았다.

　비바람이 치는 잿빛 하늘 아래, 북부에서는 쿠르스크로 진격하려는 독일군의 마지막 시도가 시작되었다. 이번에도 목표는 올호바트카 고지였다. 거대한 포병 사격과 슈투카 및 하인켈 He111의 대규모 항공지원에 뒤이어 2·4기갑사단의 전차 300대가 능선에 있는 소련군 최후방어선을 향해 돌격했다. 소련군 진지 앞 헐벗고 편평한 고원에는 독일군 병사들이 지난 5일 동안 고통스럽게 겪은 것과 똑같은 지뢰지대와 각종 방어용 장애물들이 있었다. 이런 때 도보로 전차 뒤를 따르는 보병들은 아무 자연적 은폐물도 없는 지형에서 그대로 노출될 수밖에 없었다. 그들은 참호 속의

판터 D형. 치타델레 작전은 판터의 데뷔전으로 기록되었다. 소련군의 화력에 격파당한 차량보다 엔진 화재나 기계 고장으로 사용할 수 없게 된 전차가 더 많았다는 점에서 결코 운이 따르는 데뷔전은 아니었다. 쿠르스크에 파견된 D형의 초기 모델은 전방 경사면의 기관총좌를 덮은 플랩과 드럼식 큐폴라로 구분할 수 있다. D형 후기 모델은 A형과 G형에 달린 것과 같은 주조 큐폴라를 달고 있다.

독일 공군의 강력한 지원 하에 작전 중인 모델이 직면한 다른 큰 문제는 보급 선에 성공적인 공습을 계속 하는 소련 공군이었다. 7월 11일에 모델이 올호바트카 방어선을 돌파하려는 마지 막 시도를 하는 중에도, 독 일군 사단들은 소련 공군의 공습으로 보급품을 확보하 는 데 애를 먹었다.(노보스 티 통신사)

소련군 보병과 대규모 포병 사격, 공습에 희생되었다. 손실은 빠르게 증가 했다. 많은 독일 전차들이 참호에 엄폐해 있거나 이동식 화력거점으로 사 용되던 T-34에게 격파당했다. 파괴되지 않은 전차들은 보병들을 엄호하 기 위해 되돌아왔으나 옥수수밭 속에 보이지 않게 매복해 있던 대전차포 사수들에게 격파당했다. 국지적인 성공을 거뒀음에도 불구하고 저녁이 되 자 독일군의 공격은 밑천이 바닥났고, 모델은 9군에게 포니리를 제외한 모든 전선에서 방어태세로 전환하라고 명령했다. 불과 6일 사이에 모델은 400대 이상의 전차와 5만 명의 병력을 잃었지만 어느 지점에서도 15킬로미터 이상을 돌파하지 못했다.

∷ 남부집단군/보로네슈 전구

독일 48기갑군단은 7월 10일 내내 오보얀으로 가는 길을 지키는 치스챠코 프의 6근위군 잔존부대와 세력이 약화된 1기갑군에게 압박을 가하고 있었 지만, 사실 이 작전은 소련군의 주의를 다른 곳으로 돌리고 친위기갑군단 의 전장이탈을 감추려는 호트의 더 큰 계획의 일환이었다. 그들은 부대를 신속하게 재편성한 후 공격축을 북동쪽과 프로호로프카로 전환할 예정이

이 사진에서 2친위기계화보병사단 '다스 라이히'의 고급장교들과 이야기하는 사람은 2친위기갑군단장인 파울 하우 저 상급대장이다. 원래 육군 장성이던 하우저는 무장 친위대의 모태가 된 특수임무부대, 즉 페어퓌궁스트루페 (Verfügungstruppe: VT)를 조직하기 위해 하인리히 힘러의 요청으로 친위대에 합류했다. 그는 하리코프 전투 당시 전선을 사수하라는 히틀러의 명령을 위반한 탓에 쿠르스크 전투 때에도 히틀러와 사이가 좋지 않았다. 실제로 하우저는 쿠르스크 패전 이후 총통의 비난을 면하지 못했다.

7월 11일 이른 아침, 독일군 친위기갑군단은 프로호로프카로 진격했다. 진격의 좌익을 맡은 '토텐코프' 사단은 소련군과 격전을 벌여야 했다. 오른쪽에 보이는 G형 4호 전차의 조종수 좌석의 장갑판 덮개 옆에는 쿠르스크 전투에서 토텐코프 사단이 썼던 사단 마크, 즉 수직으로 서 있는 세 개의 막대기가 표시되어 있다. 왼쪽에는 또 다른 3호 전차와 4호 전차들이 보인다.(독일연방 문서보관소)

었다. 그러나 48기갑군단과 서쪽의 소련군 사이에 벌어진 격전에는 아랑곳없이 바투틴은 이미 호트의 의도를 짐작하고 있었다. STAVKA는 5친위기갑사단 '비킹(Wiking)' 및 10기갑사단을 포함한 남부집단군 예비부대와 24기갑군단이 이미 하리코프를 떠나 북쪽으로 이동하여 작전을 수행하라는 명령을 받았다는 사실을 그에게 알려주었다. 측면 엄호 임무에서 완전히 해방된 친위기갑사단 '토텐코프'는 '라이프스탄다르테 아돌프 히틀러'와 '다스 라이히' 사단 후방을 가로지르며 이동해 친위기갑군단 좌익에 자리를 잡고 있었다.

7월 10일 늦은 오후, 토텐코프 사단 예하 1대전차특공연대 3대대는 집결지에 있는 마지막 남은 소련군 벙커를 소탕하고 프셀 강을 건너 북안에 작은 교두보를 구축했다. 그들을 내쫓으려는 소련군의 맹공격에도 불구하고 토텐코프 사단 장병들은 앞으로 나아가 저녁 늦게 크라스니 옥타비르(Krasny Oktabyr) 마을을 점령했다. 이 마을의 점령으로 독일군은 쿠르스크로 가는 길을 막고 있던 마지막 방어선도 돌파하게 된 셈이었다. 도하에 성공하고 프셀 강을 건너는 가교가 부설되면서 7월 11일에는 소련군의 후방을 향해 북쪽으로 진격하는 작전이 가능해졌다. 친위사단들은 5일 간의 격전으로 그 전력이 많이 약화되었지만, 그날 밤 재보급과 함께 부대 재편성을 실시한 결과 약 600대의 전차와 돌격포를 동원해 다음 공격에 나설 수 있었다. 독일군이 공격할 구역은 협소하여 가장 넓은 지점조차 그 폭이 9.6킬로미터밖에 되지 않았다. 따라서 하우저는 킬로미터 당 100대의 전

4호 전차. 여기에 등장하는 H형 4호 전차는 1943년 봄에 등장했다. 75밀리미터 L/48 전차포를 탑재한 이 전차의 가장 큰 특징은 슈르첸(Schurzen, skirt armour)을 둘렀다는 데 있다. 이것은 소련 RPG-1943 성형작약 대전차수류탄에 대응한 직접적인 대응책이며 전차에 별도의 보호수단을 제공했다. 표준 모래색 기본 도장 위에 적갈색과 녹색의 위장색을 칠한 H형 4호 전차가 집단으로 초원을 건너는 장면은 쿠르스크 전투에서 독일 기갑부대를 상징하는 이미지가 되었다.

차와 자주포를 배치하여 대단히 집중된 공격력을 확보할 수 있었다. 이들 친위부대의 기갑 방진과 맹렬한 공격에 가세하여 남쪽에서 접근하는 켐프 특수임무군의 위협이 바투틴의 반격계획을 지연시켰다. 7월 12일로 예정되었던 바투틴의 반격은 자도프의 5근위군과 로트미스트로프의 5근위기 갑군이 프로호로프카로부터 남서쪽으로 공격을 가하고, 증강된 1기갑군과 6 · 7근위군이 이에 호응하여 한 지점을 향한 일련의 집중적인 타격을 가함으로써 돌출부에 있는 독일군 부대를 포위하도록 계획되어 있었다.

7월 10일 이른 오후, 바투틴은 오보얀으로 가는 도로상의 244.8고지가 11기갑사단의 공격을 받고 있다는 보고를 받았다. 이 지점에 대한 공격은 쿠르스크 돌출부 남쪽에서 수행된 독일군 공세의 최북단 정점으로 기록될 뿐만 아니라, 독일 48기갑군단에게는 가장 격심한 상황 변화를 겪은 날의 클라이맥스로 남게 된다. 7월 9일에서 10일로 넘어가는 야간에 베르코페니예 다리를 보수하고 궤도차량이 건널 수 있는 다른 부교를 가설한 3기갑사단은, 이날 이른 아침 페나 강을 건너 베레조프카 고지의 소련 3기계화군단에 신속한 공격을 가할 수 있었다. 남쪽에서 진격하는 독일 332보병사단의 공격과 함께 소련군의 저항은 멈췄다. 11일이 저물 때쯤에는 페나 강 굴곡부에 있는 소련군을 소탕했고, 독일군 전선은 서쪽으로 크게 이동했다. 그럼에도 불구하고 독일군 공격의 주축이 오보얀에서 프로호로프카로 전환된 데다가 더 많은 소련군 부대가 전선에 투입되었기 때문에, 48기갑군단은 다시 한 번 강력하게 증강된 방어선과 대단히 잦아진 반격에 직면하게 되었다. 4기갑군 전선에서 있었던 일부 소규모 국지적인 전진을 제외하면 이 구역에서 독일군은 며칠 후 후퇴를 시작할 때까지 7월 11일의 전선에서 더 나아가지 못했다.

7월 10일, 이 우크라이나의 전장에서 수천 킬로미터나 떨어진 시칠리아에서는 16만 명의 미 · 영 연합군 제1진이 해안에 상륙했다. 폰 만슈타인이 계속 경고해왔고 많은 독일 장군들이 두려워하던 사태가 마침내 벌어지고야 만 것이다. OKW의 상황보고는 이 사건에 대해 냉담하게 기록하면서 한편으로 치타델레 작전이 계속되고 있다는 것도 알리고 있었다. 그러나 '허스키' 작전(Operation Husky: 연합군의 시칠리아 상륙작전—옮긴이)의 여파는 얼마 못 가 소련에서 진행 중인 작전에도 영향을 미치게 된다.

∴ 7월 11일 : 9군/중앙전구

7월 11일 일요일 아침, 남부집단군은 프로호로프카에 거대한 공격을 시작했다. 이 복잡한 작전에서 보로네슈 전구에 대한 남부집단군의 공격은 모델의 9군이 올호바트카 구역에서 소련군 방어선 돌파를 시도하는 것과 동시에 이루어질 예정이었지만, 이러한 독일군의 희망은 결국 이루어지지 못했다. 오렐 돌출부의 독일 2기갑군 구역과 9군 후방에 대한 소련군의 맹렬한 탐색공격은 모델의 계획에 제동을 걸었다. 이날 소련군의 정찰공격은 하루 종일 계속되었고 시간이 갈수록 점점 더 강해졌다. 이것은 그들의 대규모 공세가 임박했다는 전조가 분명했다. 그러나 폰 클루게는 여기에 대응할 예비대가 없었다. 예비대는 모두 9군과 함께 치타델레 작전에 참여하고 있었다. 그의 부대는 오렐 돌출부 전역에 넓게 퍼져 있었고, 9군의 전차부대와 기계화보병사단에게 북쪽으로 이동해 이 우발 사태를 처리하라고 지시하는 방법 외에는 별다른 선택의 여지가 없었다. 정오에 로코소프스키는 올호바트카 전방에 있는 모델의 공격 대형에서 독일군 부대들이 빠져나가 북쪽으로 향하고 있다는 보고를 받았다. 12일 오전에 브리얀스크 전구에서 독일 2기갑군에 대한 공세를 준비하고 있던 주코프도 이 소식을 들었다. 이들 독일군 부대들은 새로운 진지로 이동 중이었다.

〈위〉 7월 11일 저녁, 파벨 로트미스트로프(Pavel Rotmistrov) 중장은 프로호로프카가 독일군의 수중에 떨어지는 사태를 막기 위해 2개 전차여단을 파견할 수밖에 없었다. 이 사진 속에서는 보병의 지원을 받는 T–34 전차가 독일군 전선을 공격하고 있다. T–34의 후미에 달린 사각형 컨테이너는 예비 연료통이다. 저녁 늦게, 소련군은 독일군이 공격을 멈췄다는 사실을 알았으나 양군 은 다음날 벌어질 대격돌을 준비 중이었다.(노보스티 통신사)

〈아래〉 로트미스트로프의 5근위기갑군은 7월 12일에 친위기갑 군단의 예봉을 막을 소련군 주력부대였다. 로트미스트로프는 개 전 직후 6기계화여단의 참모장을 지냈다. 1942년 1월에 그는 3 근위기계화여단장이 되었고, 4월에는 7기갑군단장으로 진급했으 며, 1943년 2월에는 5근위기갑군 사령관으로 임명되었다.

∷ 켐프 특수임무군/보로네슈 전구

2친위기갑군단 남쪽에 위치한 켐프 특수임무군 예하 3개 기갑사단은 돌격포여단과 503중전차대대 티거들의 지원을 받으며 7월 11일 새벽에 북쪽으로 진격하기 시작했다. 불과 하루 전만 해도 이 부대들은 소련군 방어지대에 갇혀 있었으나, 켐프는 10일에 멜리호보(Melikhovo)와 사스노예(Sasnoye) 역 사이의 마지막 방어선을 돌파하는 데 성공했다. 마침내 개활지로 나오게 된 이들 3개 기갑사단은 프로호로프카 남쪽의 소련군 거점을 향해 공격을 계속하여 3기갑군단에 대한 저항을 종식시키는 데 큰 성공을 거두었다. 11일 어둠이 내릴 무렵, 남쪽에서부터는 300대의 전차와 돌격포가 프로호로프카로 접근하고 있었다.

∷ 2친위기갑군단/보로네슈 전구

3기갑사단이 북쪽으로 진격을 시작한 직후 친위기갑군단 역시 프로호로프카를 향해 진격을 개시했다. 무장친위대의 전차와 돌격포 600대가 마을 앞에 포진한 소련군의 저지부대를 향해 돌진했다. 상공에서는 독일 공군이 그날 밤 늦게까지 끝없는 출격을 반복했다. 이 강력한 공격은 12일의 반격 준비를 위해 집결 중이던 소련군 부대에 불시의 타격을 가했다. 이날 하루 종일 무장친위대의 전차들은 마을에 강력한 압박을 가했다. 훗날 로트미스트로프 중장은 자신의 5근위기갑군과 거기에 배속된 2기갑군단 및 2근위기갑군단이 바실레프스키 원수와 함께 집결지로 이동하는 도중에 어떻게 전진하는 독일군과 마주쳤는지를 이렇게 회고했다.

"저녁 무렵이 되어도 독일 항공기의 폭격은 줄지 않았다. 우리는 지프를 타고 과수원을 가로지르고 있었고, 오른쪽으로는 국영농장의 건물들이 보였다. 우리 앞 대략 800미터 떨어진 곳에서 전차 수십 대가 도로를 따라 이동하고 있었다. 바실레프스키 원수는 운전병에게 도로의 가장자리에 차를 세우라고 명령했다. 그러더니 늘 침착하던 그가 엄한 눈초리로 나를 보면서 예상치 못한 날카로운 목소리로 내게 묻는 것이었다.

"로트미스트로프 장군, 저것들은 뭔가? 왜 우리 전차들이 예정보다 앞서서 전진하고 있지?"

나는 쌍안경으로 살펴본 후 대답했다.

"저건 독일군 전차들입니다."

"그렇다면 놈들이 우리의 교두보를 빼앗겠군. 그러면 프로호로프카까지도 점령할지 몰라."

2개 기갑여단의 즉각적인 반격으로 상황은 회복되었다. 날이 저물 무렵, 로트미스트로프의 전차와 자도프의 5근위군 보병들은 행군 끝에 이 전투에 합류했고, 치열한 방어전투로 독일 전차들의 발을 묶어놓았다. 이렇게 일시적으로 위기상황을 타개했음에도 불구하고 소련군이 큰 위협에 직면해 있었다. 소련 1기갑군 및 6근위군이 전부 증원되고 자도프의 5근위군이 적절히 전개하여 하우저의 친위사단들이 반격해오기만을 기다리는 동안, 켐프의 전차 및 돌격포 300대는 프로호로프카로 진격하고 있었다. 약 900대의 독일군 기계화 장비들이 서쪽과 남쪽에서 마을로 몰려오고 있는 상황에서 소련 방어선 전체가 실타래 풀리듯이 무너지면 끔찍한 결과가 초래될 수 있었다. 따라서 바투틴은 로트미스트로프에게 7월 12일에 친위기갑군단에 즉시 반격할 수 있도록 준비하라고 명령했다. 소련 또한 5근위기계화군단의 11·12기계화여단 및 2근위군단 예하 26기갑여단과 92근위소총사단에 5근위기갑군이 다음날 아침 하우저의 친위대 사단들에게 강력한 공격을 펼치는 동안 반격하여 어떠한 희생을 치르더라도 독일 3기갑군단의 추가 진격을 막으라는 명령이 떨어졌다. 짧고 음산한 밤 동안 양군의 전차병들은 이제 곧 있을 거대한 힘의 충돌을 앞두고 자신의 전투차량에 탄약과 연료를 재보급하는 힘든 과업에 몰두했다.

∷ 7월 12일 : 프로호로프카 전차전

새벽이 오기도 전에 전차의 엔진을 예열하는 소리가 울려 퍼졌다. 낮지만 거의 실체를 파악할 수 있을 정도로 강렬한 흔들림이 감지되었다. 마침내 두 집단의 기갑부대가 엄청난 규모를 드러냈고, 이들은 이제 곧 역사상 가장 규모가 큰 전차전을 벌이게 될 운명이었다. 차가운 동풍을 따라 흘러든 구름이 짙게 깔린 하늘은 아침 햇살이 지면을 비출 시각에도 국지적으로 소나기를 퍼부어 시야를 흐려놓았다. 관측병들은 구름 사이로 햇살이 비출 때 그나마 나은 시계를 이용해 제한적으로나마 전장의 지세를 살필 수 있었다. 전차 포탑 위에 서서 전장을 살펴보는 친위기갑군단의 지휘관들 눈에 이 전장의 북쪽 경계선인 굽이치는 프셀 강이 들어왔다. 남동쪽으로는 도네츠 강 상류 계곡 지대의 특징인 기복이 완만한 전형적인 초원지대가 펼쳐져 있었다. 여기에는 집단농장 농부들이 경작하는 호밀밭, 밀밭, 텃밭 그리고 덤불, 잡목, 숲 등이 있었다. 동쪽으로 4.8킬로미터 떨어진 곳에 프로호로프카 농촌이 있었다. 그 마을의 거대한 곡물 창고는 하늘 높이 자랑스레 서 있었다. 프셀 강으로부터 6.4킬로미터 떨어진 전장의 최남단 경계는 쿠르스크-벨고로트를 잇는 철도였다. 바로 그 남쪽은 대지가 굴곡이 심하고 언덕과 계곡으로 분리되어 있어 대규모 전차전에는 적합하지 않았다.

로트미스트로프는 방해받지 않으면서 전투를 볼 수 있는 프로호로프카 남서쪽의 작은 고지에 사령부를 설치했다. 전투는 소련군 진지를 향한 독일 공군의 대규모 공습으로 시작되었다. 그 뒤를 따라 전차 약 200대로 이루어진 첫 번째 독일 기갑부대가 북서쪽으로 진격했다. 친위대 '토텐코프' 사단은 티거 전차들을 선두에 배치하고 경량의 3호 전차와 4호 전차로 측면을 보호하면서 밀착된 쐐기대형으로 전진했고, 그 뒤를 '라이프스탄다르테 아돌프 히틀러' 사단과 '다스 라이히' 사단의 전차들이 따랐다. 08:30시경, 소련군 방어선에서 발사된 탄과 카투사 다연장로켓들이 15분

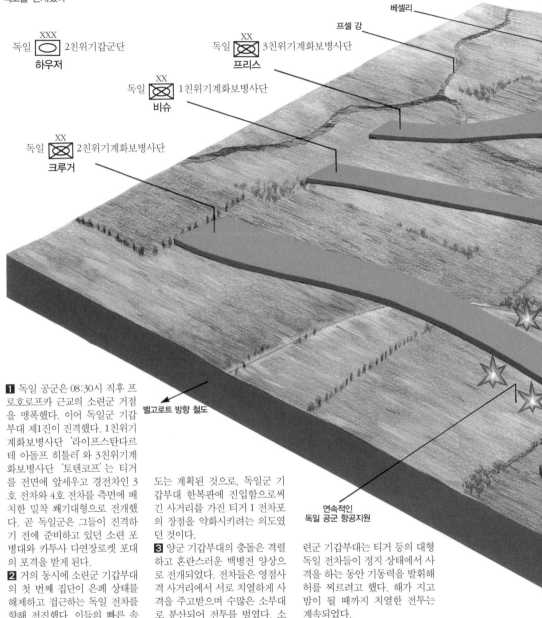

독일군은 약 600대의 전차와 돌격포를 전개했다

독일 [XXX ⬭] 2친위기갑군단
하우저

독일 [XX ⊠] 1친위기계화보병사단
비슈

독일 [XX ⊠] 2친위기계화보병사단
크루거

독일 [XX ⊠] 3친위기계화보병사단
프리스

베셀리

프셀 강

벨고로트 방향 철도

**연속적인
독일 공군 항공지원**

1 독일 공군은 08:30시 직후 프로호로프카 근교의 소련군 거점을 맹폭했다. 이어 독일군 기갑부대 제1진이 진격했다. 1친위기계화보병사단 '라이프스탄다르테 아돌프 히틀러'와 3친위기계화보병사단 '토텐코프'는 티거를 전면에 앞세우고 경전차인 3호 전차와 4호 전차를 측면에 배치한 밀착 쐐기대형으로 전개했다. 곧 독일군은 그들이 진격하기 전에 준비하고 있던 소련 포병대와 카투사 다연장로켓 포대의 포격을 받게 된다.

2 거의 동시에 소련군 기갑부대의 첫 번째 집단이 은폐 상태를 해제하고 접근하는 독일 전차를 향해 전진했다. 이들의 빠른 속도는 계획된 것으로, 독일군 기갑부대 한복판에 진입함으로써 긴 사거리를 가진 티거 I 전차포의 장점을 약화시키려는 의도였던 것이다.

3 양군 기갑부대의 충돌은 격렬하고 혼란스러운 백병전 양상으로 전개되었다. 전차들은 영점사격 사거리에서 서로 치열하게 사격을 주고받으며 수많은 소부대로 분산되어 전투를 벌였다. 소련군 기갑부대는 티거 등의 대형 독일 전차들이 정지 상태에서 사격을 하는 동안 기동력을 발휘해 허를 찌르려고 했다. 해가 지고 밤이 될 때까지 치열한 전투는 계속되었다.

프로호로프카 전차전

1943년 7월 12일, 남동쪽에서 바라본 상황

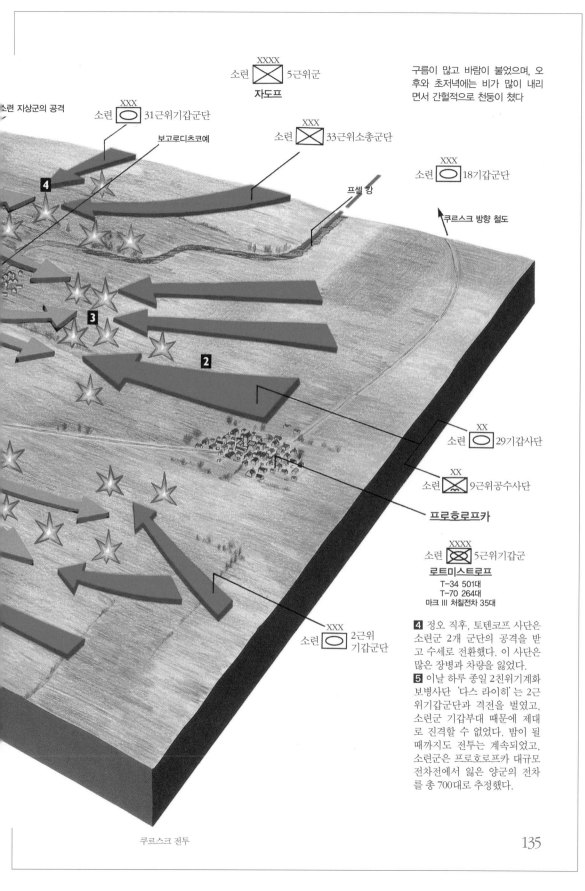

소련 지상군의 공격

소련 XXXX 5근위군
자도프

소련 XXX 31근위기갑군단

보고로디츠코예

소련 XXX 33근위소총군단

프셀 강

소련 XXX 18기갑군단

쿠르스크 방향 철도

구름이 많고 바람이 불었으며, 오후와 초저녁에는 비가 많이 내리면서 간헐적으로 천둥이 쳤다

4

3

2

소련 XX 29기갑사단

소련 XX 9근위공수사단

프로호로프카

소련 XXXX 5근위기갑군
로트미스트로프
T-34 501대
T-70 264대
마크 III 처칠전차 35대

소련 XXX 2근위 기갑군단

4 정오 직후, 토텐코프 사단은 소련군 2개 군단의 공격을 받고 수세로 전환했다. 이 사단은 많은 장병과 차량을 잃었다.
5 이날 하루 종일 2친위기계화 보병사단 '다스 라이히'는 2근위기갑군단과 격전을 벌였고, 소련군 기갑부대 때문에 제대로 진격할 수 없었다. 밤이 될 때까지도 전투는 계속되었고, 소련군은 프로호로프카 대규모 전차전에서 잃은 양군의 전차를 총 700대로 추정했다.

〈위〉 이른 아침, 구름이 짙게 낀 하늘 아래로 친위기갑군단은 프로호로프카를 향해 진격을 개시했다. 이미 소련군의 중포는 돌격 중인 '다스 라이히' 사단 소속의 3호 전차와 4호 전차를 향해 불을 뿜고 있었다.(독일연방 문서보관소)
〈아래〉 전장에 떠다니는 짙은 연기 때문에 티거 I 전차들은 고속으로 기동하면서 친위기갑군단의 전위부대를 공격하려는 소련군 전차를 조준·사격하는 데 많은 어려움을 겪었다.(독일연방 문서보관소)

동안 독일군 전선에 떨어졌다. 전선이 불과 연기의 장막 속에서 녹아버리는 사이에 은폐 진지를 벗어난 로트미스트로프의 5근위기갑군 선두 제대가 쇄도해오는 독일군의 전차와 돌격포를 향해 내달리기 시작했다. 독일군의 티거와 판터가 질적으로 우세하다는 것을 잘 알고 있는 로트미스트로프는 자신의 휘하에 있는 전차 지휘관들에게 독일 전차의 중장갑과 장사정포의 위력을 상쇄할 수 있도록 전속력으로 적의 대열에 접근하라고 지시했다. 하우저의 전차는 총 600대로, 소련군의 전차 900대에 비해 수적으로 열세였지만, 이 열세는 티거와 판터의 성능상의 우위로 충분히 상쇄할 수 있었다. 사실 로트미스트로프의 모든 전차가 T-34인 것도 아니었

5근위기갑군의 T-34들은 독일의 선도 전차들을 76.2 밀리미터 포의 사거리 내에 넣기 위해 아주 신속하게 거리를 좁혀야 했다. 그들은 사진 속의 T-34처럼 연기와 지형을 이용하여 티거와 판터에 접근한 뒤, 비교적 약한 측면장갑을 공격했다. 이런 근접전의 결과는 매우 비극적이었다. 양군 전차들은 연료와 탄약이 연속적인 내부 폭발을 일으키며 거대한 불길에 휩싸였다.(왕립기갑군단 전차박물관)

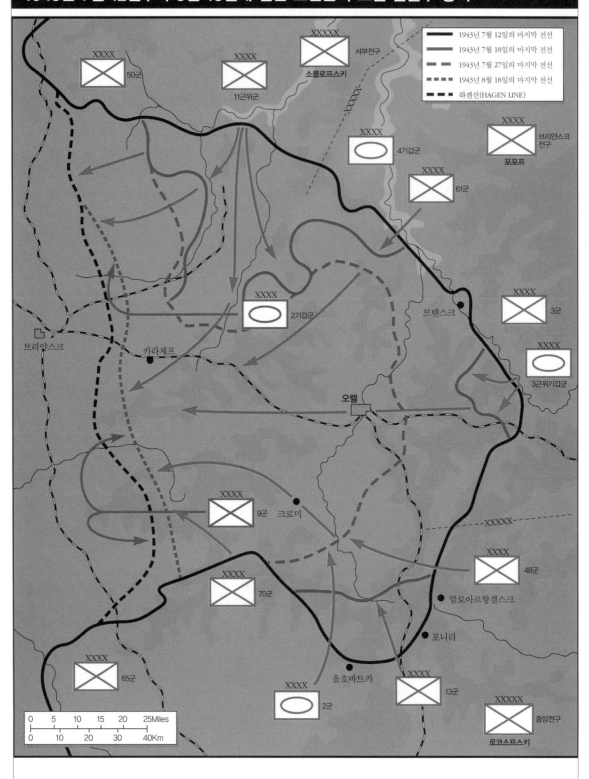

범례:
- 1943년 7월 12일의 마지막 전선
- 1943년 7월 18일의 마지막 전선
- 1943년 7월 27일의 마지막 전선
- 1943년 8월 18일의 마지막 전선
- 하겐선(HAGEN LINE)

50군

11근위군

XXXXX 서부전구 소콜로프스키

4기갑군

XXXX 브리얀스크 전구 포포프

61군

XXXX 3군

2기갑군

므텐스크

브리얀스크

카라체프

3근위기갑군

오렐

9군 크로미

48군

말로아르항겔스크

70군

포니리

65군

올호바트카

2군

13군

XXXXX 중앙전구 로코소프스키

0 5 10 15 20 25Miles
0 10 20 30 40Km

〈138쪽〉 1943년 7월 12일부터 18일에 걸친 소련군의 오렐 돌출부에 대한 소련군의 공세. 1943년 4월부터 소련군은 독일군이 쿠르스크 돌출부에 일대 공세를 가하기만을 기다렸다. 그들은 독일군 기갑부대를 파괴하면서 사태를 보다가 모든 독일군 예비대가 쿠르스크 공격에 투입되었다고 확인되면, 바로 그때 반격에 나서려는 의도를 갖고 있었다. 7월 9일, 스탈린과 주코프는 이미 모델의 공세가 돌이킬 수 없는 타격을 입었다고 확신했다. 7월 12일, 오렐 돌출부의 독일군 부대에 대한 '쿠투초프(Kutuzov)' 작전은 서부전구와 브리얀스크 전구의 좌익이 참가한 가운데 시작되었다. 남북에서 협동으로 반격하기를 바랐으나 보로네슈 전구가 대단히 큰 타격을 입었기 때문에 그것은 불가능했다. 오렐 돌출부의 독일군을 향한 이 거대한 위협으로 치타델레 작전은 13일에 중단된다. 히틀러는 모델에게 9군을 포함한 2기갑군의 지휘권을 부여했다. 독일군은 오렐 돌출부에 견고한 방어선을 구축해 소련군의 돌격을 둔화시켰고, 돌출부 내부에 있는 독일군을 포위하려는 그들의 기도를 완전히 무력화시켰다. 독일군은 큰 손해를 입었는데도 질서정연한 지연전을 펼쳐 8월 17일과 18일 사이에 '하겐선(Hagen Line)'까지 철수를 완료했다. 그렇지만 7월 5일 이후 독일 중부집단군은 이미 14개 사단에 해당하는 전력을 상실했으며, 이 손실은 다시 메울 수 없었다.

〈위〉 T-34 1943년형. 쿠르스크에 가장 많이 배치된 소련 전차는 T-34였다. 그러나 모두가 76.2밀리미터 주포를 탑재하고 있어 1943년 가을에 85밀리미터 전차포로 화력을 보강한 모델이 나올 때까지는 독일군의 판터와 티거에 비해 화력에서 열세를 보였다. 이 그림은 T-34 1943년형을 묘사한 것으로, 쿠르스크 전투에서 5근위기갑군단 군단장인 A. G. 크라브첸코(Kravchenko) 중장이 탑승하던 것이다. 이 전차는 차체 측면에 예비 76.2밀리미터 탄약 상자를, 차체 후면에는 예비 연료탱크를 탑재하고 있었다. 다른 과도기형 전차에서 볼 수 있듯이 이 전차도 강철 휠에 고무 테두리를 두른 바퀴를 채택했다.

〈아래〉 프로호로프카 전투가 끝난 후 촬영한 이 사진은 독일 중전차가 T-34에게 피격될 때 어떤 일이 벌어지는지 잘 보여주고 있다. '다스 라이히' 사단 소속의 판터 D형은 내부에서 거대한 연쇄폭발을 일으키면서 포탑이 위로 들려버렸다.(노보스티 통신사)

쿠르스크 전투

〈위〉 프로호로프카를 대표하는 장면을 꼽으라면 독일군과 소련군의 기갑부대 간의 대규모 충돌을 들 수 있겠지만, 전차들 사이에서 진격하는 양군 보병들 간의 처절하고 고된 전투 역시 빼놓을 수 없다. 이 사진 속의 소련군 대전차총조(組)는 격파된 친위기갑군단 소속 판터의 잔해에 숨어 독일 전차에 사격을 가하고 있다. 프로호로프카 전투와 같은 근접전에서는 대전차총 탄약조차도 전차에 치명적일 수 있다.(노보스티 통신사)

〈아래〉 이 사진은 전투 이후의 또 다른 모습을 담고 있다. 사진 속의 소련 전차병들은 자신들이 격파한 티거에 대해 이야기하고 있음이 틀림없다. 포탑의 장갑판에 생긴 여러 개의 탄공과 장갑이 파열된 모습은 이 전차가 흡수한 충격력의 강도를 그대로 보여준다. 이 티거를 해치운 포탄은 근거리에서 발사된 T-34의 76.2밀리미터 탄약이다.(노보스티 통신사)

140

다. 5근위기갑군이 프로호로프카에 배치한 전차 중 501대가 T-34였으며, 264대는 T-70 경전차, 그리고 영국에서 제공한 처칠 III 전차도 35대나 있었다. 기갑군의 각 군단에는 SU-76 연대가 하나씩 있었다. 그러나 강력한 신형 SU-152는 로트미스트로프에게 아직 도착하지 않았다.

"태양이 우리의 원군으로 등장했다. 태양은 적 전차의 윤곽을 드러나게 하면서 동시에 독일 전차병의 눈을 부시게 만들었다. 전속력으로 전장을 가로지른 우리의 대규모 첫 번째 전차제대는 독일군을 혼란에 빠뜨렸다. 곧 상황은 통제 불능의 혼돈상태에 빠졌다. 우리 전차들은 독일 전차들이 자신의 이점을 제대로 살릴 수 없는 근거리에서 티거를 격파했다. 적의 약점을 알고 있던 우리 전차병들은 적의 측면에 사격을 가했다. 최근거리에서 발사한 포탄이 티거의 장갑에 거대한 구멍을 뚫었다. 그러자 전차에 실려 있던 탄약이 폭발하면서 수 톤이나 나가는 무거운 포탑을 몇 미터

프로호로프카에서 5근위군이 전투에 투입한 유일한 중전차는 대여받은 영국제 처칠 마크 III 전차 35대였다. 소련 전차병들은 연합군이 보급한 다른 전차들과 마찬가지로 이 전차 역시 별로 좋아하지 않았는데, 너무 느리고 주무장이 약하다는 것이 그 이유였다.(독일연방 문서보관소)

나 가뿐히 날려버렸다."

09:00시, 양군 기갑부대 대부분은 이미 전투에 돌입했고 전투의 양상은 한 판의 거대하고 격렬하며 혼란스러운 백병전 양상으로 바뀌어 있었다. 무리지어 몰려다니는 양군의 전차들은 이 살인적인 난투극에서 은폐

전투가 끝난 뒤 독일군 장비들이 전장에 굴러다니고 있다. 상당수가 산산이 부서져 재사용이 불가능했으나, 수리가 가능했던 전차들은 소련군이 재사용하여 원래 주인에게 불을 뿜었다.

물로 이용할 수 있는 것이면 무엇이든 다 이용하려고 했다. 곧 전장은 부서진 전차의 잔해로 가득 찼다. 전차의 기름이 불타며 내뿜은 짙고 검은 연기가 온 전장을 휩쓸었고, 이로 인해 양군의 포수들은 제대로 조준하기조차 힘들었다. 소련 전차병들이 고의로 독일 전차와 충돌한 일도 여러 차례 있었다. 그 결과 전차들이 싣고 있던 연료와 탄약은 커다란 화염폭풍을 일으켰고, 그에 따른 폭발과 충격은 온 전장을 뒤흔들었다. 양군의 전투기들도 서로 상대방을 죽이기 위한 죽음의 춤을 추었고, 많은 대지공격기들이 적의 전차와 지원 보병들에게 기총소사를 가하기 위해 낮게 비행했다.

친위기갑군단 좌측 측면에서 토텐코프 사단은 그날의 가장 처절한 전투에 휘말려들었다. 선두에서 전진하던 사단의 전차 대부분은 오전 11시경 대규모 소련군 기갑예비대와 마주치면서 격렬한 화력전에 휘말려들었다. 양군의 전차들은 방향을 틀고, 전진하다가 멈춰서 사격하며 영점거리에서 포탄을 쏘아댔다. 포탄에 얻어맞은 전차들은 내부에서 유폭을 일으키며 장갑판이 산산조각으로 깨져 날아갔고 거대한 화염과 강철 파편을 대지에 뿌렸다. 정오가 되기 직전, 소련군은 예비대에서 2개 군단을 추가로 파견했고, 토텐코프 사단은 31근위기갑군단과 33근위소총군단에게 공격을 당해 수세로 전환했다. 토텐코프 사단은 자신의 병력으로 구성한 봉쇄진지를 소련군이 돌파하지 못하게 막고 군건하게 자리를 지켰지만 7월 14일 저녁까지 인원과 장비의 50퍼센트를 상실했다.

오후가 될 때까지 친위기갑군단은 적에게 계속 압박을 가했다. 그러나 그들은 값비싼 대가를 치러야 했다. '다스 라이히'는 그들의 전진을 2근위기갑군단 소속 전차들이 방해하고 있다는 사실을 알게 되었다. 소련군은 '다스 라이히' 사단의 우익과 전진하는 3기갑군단 사이로 공격을 가해왔다. 시간이 흐를수록 친위사단의 판터와 티거를 비롯한 기타 전차들은 T-34와 T-70 전차제대의 공격을 받아 전진이 중단되었다. 거대한 투쟁이 계속되자, '다스 라이히' 사단의 '데어 퓌러' 연대와 함께 전선에 있던 호트와 사령부에서 전투를 관망하고 있던 로트미스트로프 모두 독일 브라이트 군단의 전차가 도착하면 상황이 바뀔 수도 있다고 생각하게 되었다. 독일군은 7월 11일에서 12일로 넘어가는 야간에 기습하여 르자베츠에서 도네츠 강 다리를 점령할 수 있었다. 그러나 12일 오후에도 그들은 전진을 막는 소련군 부대들의 방어선을 돌파할 수 없었다. 3기갑군단이 다음날 소련군을 뚫고 도착했을 때, 결정적인 국면은 이미 지나간 다음이었다. 재편성된 '라이프스탄다르테'와 '다스 라이히'는 마지막 돌진에서 소련군 18기갑군단을 돌파하여 프로호로프카 서쪽으로 향했지만 5근위기갑군의 두 번째 제대에 속하는 마지막 예비대와 맞부딪쳤다. 아침에 있었던 충돌 양상이 재개되어 10기계화사단 및 24근위사단이 독일 전차들의 정면을 향해 돌진했다. 연기와 먼지가 사방을 어둡게 했다. 개별적으로 사격하는 소리는 들리지도 않았다. 모든 소리가 뒤섞여 끔찍한 포효로 돌변했다.

그날 하루 동안 치열한 전투가 계속되었고 밤이 되어서야 소강상태에 접어들었다. 소련군은 독일군의 공격을 저지하는 데 성공했다. 로트미스트로프는 이렇게 말했다.

"전투 중 양군의 전차 700대 이상이 전투 불능 상태가 되었다. 시신과 파괴된 전차, 부서진 대포와 무수한 탄공이 전장에 널려 있었다. 땅위에서는 풀잎 하나조차 찾을 수가 없었다. 공격이 지나간 자리에는 그을리고 검게 불타는 대지만 있을 뿐이었다. 이런 광경이 무려 12킬로미터나 계속 뻗어 있었다."

나중에 '프로호로프카의 학살'이라는 적절한 이름이 붙은 이 전투에서 소련 5근위기갑군 전력의 50퍼센트가 괴멸되었다. 그러나 독일군의 손실은 더욱 컸다. 다수의 티거 전차를 포함한 전차 300대, 포 88문, 트럭 300대가 전장에 버려졌다. 그 중 상당수는 완파된 것이었으나 회수하여 재생할 수 있는 것들도 소련군이 전장을 지배하고 있었기 때문에 독일군의 입장에서는 포기할 수밖에 없었다. 그 후로 며칠간(7월 13일~15일) 친위기갑군단은 12일의 피해를 딛고 일어서려는 노력을 반복했다. 그들은 잔존 병력으로 소련 기갑부대에 더 큰 손실을 입히려 했으며 이 구역에서 임박한 소련군의 반격을 저지하려고 했다. 그러나 13일, 호트와 하우저와 폰 만슈타인은 치타델레 작전이 사실상 끝났음을 알고 있었다.

⠰ 7월 13일 : 늑대굴

프로호로프카 전차전 다음날, 폰 만슈타인과 폰 클루게는 동프러시아의 히틀러 사령부에 출두하라는 명령을 받았다. 이탈리아에서 벌어지는 상황을 보고받은 총통은 틀림없이 흥분했을 것이다. 히틀러는 독일의 남쪽을

7월 13일, 히틀러는 치타델레 작전 중지를 명령했다. 7월 12일, 오렐 돌출부에 대한 소련군의 반격이 시작되었고, 남쪽에서도 바투틴이 치타델레 작전이 중지된 지 겨우 10일 만인 7월 23일에 반격을 시작했다. 소련군은 독일군에게 입은 피해를 모두 회복했다. 쿠르스크에서 독일군이 전략적 우위를 잃게 되자, 이와 같은 독일군 포로 장면은 점점 더 많이 볼 수 있게 되었다.

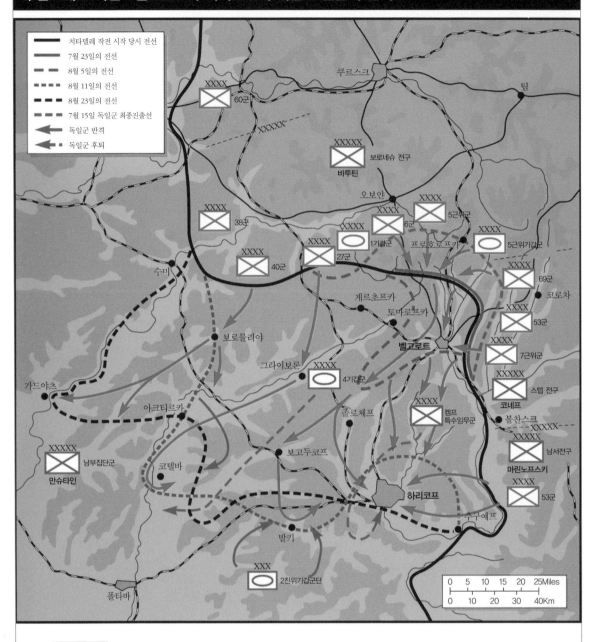

벨고로트와 하리코프에 대한 소련군의 반격인 '루만츠예프(Rumantsyev)' 작전. 독일군은 강력한 소련군의 압박에 밀려 후퇴했고, 7월 23일 바투틴의 부대는 치타델레 작전에서 독일군에게 잃은 땅을 모두 회복했다. 하지만 돌출부 북부에서 소련군이 입은 손실이 대단히 컸기 때문에, 남쪽과 북쪽이 합동으로 공격에 나서는 원래 계획은 실현되지 않았다. 바투틴은 쿠투초프 작전이 시작된 지 3주가 지나도록 루만츠예프 작전을 시작할 수 없었다. 루만츠예프 작전은 8월 3일에 시작되었다. 이후 3주 동안 하리코프 주변에서는 대단히 격렬한 전투가 벌어졌고, 8월 22일 독일군은 마침내 그곳을 포기했다. 9월 15일, 히틀러는 주저하면서 폰 만슈타인에게 남부집단군이 드네프르 너머로 철수하도록 허가했다. 이로써 독일 육군의 후퇴가 시작되었고, 그것은 20개월 뒤 베를린이 함락될 때까지 계속되었다.

〈위〉 붉은 군대는 남부집단군의 모든 전선에 다발적인 공세를 펼쳐 독일군을 서쪽으로 밀어붙였다. 그 결과 12월이 되자 전선은 서쪽으로 크게 밀려났다. 이 사진 속에서 악명 높은 '맹수 사냥꾼' SU-152는 붉은 군대가 베를린에 도달할 때까지 보병을 실은 채 멈추지 않았다.

〈아래〉 구데리안의 예상대로 쿠르스크 전투는 독일군의 결정적 패배로 끝났다. 막대한 전차 손실은 보충하기 어려웠다. 7월 보고서에는 전차 645대와 돌격포 207대가 격파된 것으로 나와 있었다. 8월에는 전차 572대와 돌격포 143대가 손실되었다. 소련군의 공세가 시작된 10월에 독일군은 장갑전투차량 2,500대를 잃었다. 독일군이 치타델레 작전 초기에 투입했던 모든 기계화 장비들 중 남아서 활용이 가능한 것은 3분의 1에 불과했다.

지키기 위해 사단이 필요하므로 치타델레 작전은 중지한다고 밝혔다. 그가 원하는 사단은 오직 러시아에서만 차출할 수 있었다. 게다가 소련군은 도네츠 분지를 지키는 독일 6군과 1기갑군에 맞서고자 전력을 집중시키고 있었다. 폰 만슈타인은 남부에서의 승리가 코앞에 다가왔으므로 9군의 일부 사단은 소련군 병력을 묶어두는 용도로 사용하고, 자신과 폰 클루게가 공세를 다시 시작하는 방안을 제안했다. 하지만 이제 소련군의 대규모 공세를 감당해야 할 사람은 바로 폰 클루게였고, 소련군은 7월 12일 일찍 공세를 개시해 이미 2기갑군 전선을 상당히 잠식해 들어온 상태였다. 결국 폰 클루게가 치타델레 작전의 운명에 종지부를 찍었다. 그는 점점 커져가는 소련군의 공세 위협에 대처하기 위해 모델의 부대를 요구했다. 또한 그는 소련군 중앙전구에 대한 공세를 재개할 수 없다고 밝혔다. 폰 만슈타인이 히틀러로부터 이끌어낸 것 중 가장 큰 성과는 호트가 소련군에게 부분적인 손실을 입히도록 공격을 지속한다는 승인을 받은 것뿐이었다. 치타델레 작전 자체는 중단하는 것으로 결정되었다. 히틀러도 치타델레 작전으로 독일군이 돌이킬 수 없는 피해를 입었으며 결정적인 패배를 당했다는 사실을 인정했다.

| 전투가 미친 영향 |

쿠르스크에서 소련이 독일군을 물리침으로써 얻은 가장 큰 수확은 전략적 우위의 획득이었다. 쿠르스크 전투 이후 동부전선에서 독일군의 공세는 더 이상 없었다. 독일군이 돌출부에서 얻은 제한적인 성과도 소련군의 반격으로 7월 말에는 모두 사라졌다. 소련군은 1945년 5월 베를린 국회의사당에 소련 국기가 내걸릴 때까지 계속 전진했다.

치타델레 작전 중 독일군이 소련군에 매우 큰 손실을 입힌 것도 사실이다. 전투 이후 소련군의 전차 전력은 절반으로 줄어들었다. 그러나 전략적 득실의 대차대조표 상에서 스탈린과 주코프는 독일 기갑군을 격멸하기 위해서라면 그 정도의 손실은 필요하다는 것을 각오하고 있었다. 소련군은 독일군의 손실이 독일군 발표 내용보다도 많을 것이라고 추산했다. 양군이 서로 도끼의 날을 갈고 있었던 당시 상황에서, 쿠르스크에서의 손실이 동부전선의 결과를 좌우했음을 독일이 인정한 것은 놀랄 만한 일이 아니었다. 전체를 놓고 봤을 때 동부전선은 유럽 전쟁에서 결정적인 작전구역이었기 때문에 독일은 쿠르스크에서 입은 손실 때문에 전쟁에서 지고 만 것이다.

이 전투 이후 쿠르스크에 대해 설명할 때는 소련군의 승리보다는 독일군의 패배를 자세히 설명하는 경향이 있었다. 이러한 관점은 냉전 의식이 어느 정도 역사적 판단에 영향을 미친 것에서 기인하지만, 이것은 아무런 의미도 없고 정확하지도 않은 분석이다. 전투의 결과를 결정지은 모든 요인을 고려할 때 결정권을 쥐고 있었던 쪽은 소련이었다. 전황을 끌고 나가고 전투의 특징과 형식을 결정한 것은 소련인이었던 것이다. 물론 소련군이 전후에 인정했다시피 전투를 진행하는 데 실수가 있던 것도 사실이었지만, 붉은 군대는 매우 빠르게 움직이고 하나하나 배워나갔다. 끝으로 가장 적절한 관점으로서, 호트가 폰 만슈타인에게 제출한 벨고로트 보고서의 내용을 인용하고자 한다.

"소련군은 1941년 이래 많은 것을 배웠습니다. 그들은 더 이상 단순한

사고방식을 가진 농부들이 아닙니다. 그들은 우리에게서 전쟁의 기술을
배웠습니다."

| 연표 |

쿠르스크 전투를 이끈 사건들

1941년 6월 22일	히틀러, 소련 침공작전인 바르바로사 작전 개시.
12월 5일	붉은 군대, 모스크바 전방에서 대반격 시작.
1942년 6월	독일군, 하계 공세 '블라우 작전' 남부 러시아에서 시작.
8월 19일	독일 6군, 스탈린그라드 점령을 명령받음.
11월 23일	소련군, 스탈린그라드의 독일 6군을 포위.
1943년 1월 31일	독일 6군, 스탈린그라드에서 항복.
2월 8일	소련군, 쿠르스크 탈환.
2월 16일	붉은 군대, 하리코프 탈환.
2월 17일~18일	히틀러, 자포로제의 폰 만슈타인 사령부를 방문하여 다음 하계작전에 대한 불확실한 언급을 함. 만슈타인의 반격에 전진 신호를 내림.
2월 22일	폰 만슈타인, 드네프르 강과 도네츠 강 사이에서 독일군의 반격을 시작.
3월 15일	2친위기갑군단, 하리코프 탈환.
3월 18일	독일군, 벨고로트 탈환. 남쪽으로부터 쿠르스크로 진격을 계속하고 중부집단군과 연합하여 그 일대의 소련군을 포위하자는 폰 만슈타인의 제안은 공동작전을 거부한 폰 클루게의 반대로 무산. 소련군의 저항과 지면의 해동으로 독일군의 추가 공세작전은 중단.
4월 8일	주코프, 독일군의 하계공세를 결전에 포함시켜야 하는 이유를 적은 핵심계획문서를 스탈린에게 제출. 여기에서 핵심목표는 독일 기갑군 분쇄임.
4월 12일	스탈린, 독일군과 결전을 벌이고자 하는 주코프와 다른 고위 장교들의 희망을 마지못해 받아들임. 독일군의 공세를 막아내도록 쿠르스크 돌출부의 방비를 강화할 것을 명령.
4월 15일	치타델레 작전의 윤곽을 그린 1급기밀 작전명령 6호가 히틀러의 승인을 얻음. 공세 시작일을 1943년 5월 3일로 명시.
4월~7월	히틀러, 반복적으로 치타델레 작전 시작일 연기를 지시.
5월 12일	튀니지의 추축군이 항복.

쿠르스크 전투

1943년 7월 5일	치타델레 작전 시작. 돌출부의 남쪽과 북쪽에서 독일군이 소

런군의 대규모 저항에 맞서 아주 조금 전진. 전투가 시작되기 전 하달된 작전 목표 중 성취된 것 없음.

7월 7일~10일	9군: 모델의 주력부대는 올호바트카 공격을 노림. 강력한 독일군이 소련군 방어선을 강타, 큰 피해를 입히지만 독일군도 아주 많은 사상자와 손실을 기록. 독일군이 공격한 포니리 마을은 작은 스탈린그라드가 됨. 모델, 쿠르스크를 향한 결정적 돌파를 하지 못함. 9일 이른 시각, 스탈린은 주코프에게 12일에 오렐 돌출부에 대해 반격하도록 지시.

4기갑군: 좌익의 48기갑군단은 9일에 페나 강을 건넘. 10일에 '그로스도이칠란트'가 쿠르스크 진격의 최북단인 244.8고지를 공격. 친위기갑군단은 소련군의 방어선을 뚫고 7월 10일 프로호로프카 직접 공격을 위해 재편성. 초원 전선의 소련 예비대가 같은 장소를 향해 전진.

켐프 특수임무군: 9일, 소련군의 차단을 뚫고 북으로 진격. 프로호로프카로 가는 도중 소련군과 격전.

7월 10일	연합군, 시칠리아에 상륙.
7월 11일~12일	9군: 모델, 10일~11일에 마지막 예비대를 포니리 공격에 투입. 클루게, 오렐 돌출부 부대에 대한 소련군의 대규모 공세 징후를 포착, 9군에게 독일군 부대 차출을 건의. 9군의 공세 시도는 끝남.

4기갑군: 11일, 친위기갑군단이 프로호로프카로 진격 개시. 12일, 친위기갑군단이 5근위기갑군 및 5근위군과 프로호로프카에서 격돌하면서 사상 최대의 전차전이 벌어짐. 총 700대의 독일 및 소련 전차 격파됨.

켐프 특수임무군: 켐프 특수임무군, 소련군의 압박으로 프로호로프카 전투에서 호트와 합류하지 못함.

7월 13일	히틀러, 치타델레 작전 중지를 명령. 오렐 돌출부에 대한 소련군의 대규모 공세 시작.

이후

1943년 7월 17일	히틀러, 친위기갑군단에 쿠르스크 전선 이탈을 명령. 남부집단군 우측면에서 소련군의 공세 시작.
8월 23일	소련군, 하리코프 탈환.
9월 7일	독일군, 우크라이나에서 철수 시작.

: : 쿠르스크 전략게임

라이프치히, 게티스버그, 엘 알라메인 등 다른 결전과 마찬가지로 쿠르스크 역시 비슷하게 균형 잡힌 양측 군대 간의 난투극이었고 이 소모전에서 운신의 폭은 좁았다. 전쟁 게이머들은 한 번쯤은 쿠르스크 전략게임에 마음이 끌리는 듯해도 이 전투를 조금만 가까이서 들여다보면 열정을 잃고 마는 것 같다. 그러나 쿠르스크 전투에도 전쟁 게이머들에게 자극을 주고 도전하게 만드는 요소는 많다.

쿠르스크 전투에서 흥미로운 점은 독일군이 직면했던 시간의 소비 문제이다. 마지막 순간까지도 그들은 두 번 다시는 볼 수 없을 만큼 잘 훈련되고 정비된 어마어마한 양의 공격력을 러시아 내에 집결시켰다. 그들은 1944년과는 비교도 안 되는 거대한 힘을 갖고 있었다. 그러나 그것들은 모든 전투에서 소모되었다. 독일의 적은 1943년 초 이래 거대한 수로 불어나 있었으나, 그 중 많은 부대들은 독일군이 가진 기술과 경험이 부족했다. 서서히 그 군사적 능력이 향상되고 있기는 했으나 대부분 경험이 부족하던 소련군 예비대들이 쿠르스크 돌출부의 방어지대에 갇힌 독일군을 제압하기 전에, 압도적인 기술을 가진 독일군이 개활지로 치고 나가 기동전을 할 수는 없었을까 하는 의문이 들기도 한다. 전쟁 게임에서 소련군이 지역 예비대를 어떻게 사용할지를 놓고 고뇌하는 동안, 독일군은 자신의 전력을 집중하는 데 마지막 노력을 기울여야 한다.

보드 게임

아마도 위에서 서술한 이유들 중 몇몇 이유 때문에 보드 게임 제작사들은 쿠르스크를 가볍게 여겼던 것 같다. 1971년에 아발론 힐 사에서 나온 '판저블리츠(Panzerblitz)'라는 동부전선 전술 게임에서는 250미터 헥스 위에서 전차 소대를 사용해 프로호로프카 전차전에 기반을 둔 스토리를 진행한다. 이 게임은 '자체 개발자' 시장에 의해 보완되어 특정 시나리오에 적합한 지도와 완벽한 전투 서열을 이루는 말들로 구성된 더 규모가 큰 게임으로 발전할 수 있다. 판저블리츠는 처음 나왔을 때는 인기가 좋았지만 지휘통제 메커니즘 형식이 부족했고 상식을 벗어난 규칙(그래도 쉽게 수정하여 적용할 수 있었다)을 갖고 있었다. 프로호로프카 전투의 소모적 특징이 반영되어 기습과 기동의 여지는 상당히 제한되어 있었다.

비슷한 시기에 미국의 보드 게임 회사 SPI사에서도 쿠르스크라는 게임을 제작했다. 돌출부 전투 전체를 다룬 이 게임은 사단급 말들과 며칠 동안 계속되는 턴 방식을 갖추고 있었다. 물론 지금은 생산이 중단된 게임이지만, 필자가 아는 한 이 전투 전체를 다룬 유일한 게임이다. 독일군에 대해서는 기동전보다는 고심 끝에 이루어진 공격을 보다 잘 묘사하고 있으며, 그에 따르는 붉은 군대의 작전 스케일과 전력의 증가도 묘사하고 있다.

이들 게임과는 별도로 쿠르스크 전투는 대부분 전략 수준에서 동부전선 보드 게임의 시나리오 노릇을 했다. 아발론 힐의 '러시안 캠페인(Russian Campaign)' 같은 게임이 그 좋은 예다. 이 게임은 쿠르스크 전투를 올바른 정황인식을 통해 제대로 보고 있다는 점에서 더욱 권할 만하다. 북부집단군과 중부집단군이 전술적 후퇴로 방어선을 얇게 만들어 병사들에게 치타델레 작전 준비를 시키던 1943년 봄에 쿠르스크 전투가 벌어졌다면 어땠겠느냐는 의문은 누구라도 가져봄 직하다. 소련군의 입장에서 7월의 독일군의 공격은 자신들의 하계 대공세를 위한 전주곡에 불과했다. 양측 모두에게 타이밍이야말로 공격을 성공시키기 위한 핵심적 요소여서 얼마만큼 적의 예비대를 소진시킬지를 잘 계산해둔 다음 자신들의 본격적인 공격을 시작해야 했다. 전략 게임은 이러한 요소들을 도입할 수 있다.

시뮬레이션으로서 보드 게임의 가치를 크게 떨어뜨리는 것은 개방성이다. 다른 게임도 그렇듯이 양 플레이어가 다 보는 가운데 모든 부대를 전개하는 경우 기습이나 불확실성을 제대로 살리기가 대단히 어렵다. 이런 단점은 한 명 이상의 심판을 두거나 지도를 사용하는 식으로 극복할 수 있다.

전쟁 게임

전형적인 테이블탑(tabletop) 또는 보드 게임에서는 두 플레이어가 게임을 진행하는 동안 자기들끼리 규칙을 지킨다. 사람이 더 많은 경우라면 플레이어들은 오직 명령 결정에만 집중하고 심판이 규칙을 집행하는 식으로 게임을 설계할 수 있다. 이런 '전장의 안개(fog of war)' 방식의 게임은 플레이어가 2명인 게임보다 더욱 설득력을 가질 수 있다. 심판들이 의견을 교환할 때는 게임이 더디게 진행될 수 있지만, 혼돈이 아닌 매우 큰 긴장감을 느낄 수 있다고 한다. 심판 조정식 게임 및 1824년부터 1960년 사이에 나온 사실상 대부분의 전쟁 게임의 기반은 '맵 크릭스슈필(Map Kriegsspiel, 모의도상전쟁)'이다. 이런 식의 게임에서 플레이어나 플레이어 팀들은 다른 편과 서로 각방을 사용하고 그 사이를 1명 이상의 심판들이 오간다. 그 이름이 함축하듯이 작전은 지도 위에 연필로 표시를 해가며 진행되지만, 시간이 있을 경우 현대적인 모의지형 위에 마커를 사용하는 방식이 더 편리할 수 있다. 지도 위에 연필로 표시하는 것이나 조준선을 계산하는 것보다는 입체 모델을 이동시키는 것이 더 쉬우며, 모의지형은 지도에서 볼 수 없는 3차원 영상을 제공해준다. 그러므로 이러한 기술을 응용하여 심판들이 테이블탑 전쟁 게임에서처럼 뭔가를 이동시키는 동안 플레이어들은 진짜 사령관처럼 지도를 사용하는 것도 가능하다.

이런 유형의 게임 시나리오는 다양하다. 그러나 특히 오렐 돌출부에서 펼쳐진 중부전선군의 공세는 매혹적인 시나리오다. 소련 11·61근위군이 북쪽에서 공격해오기 전에 모델 장군이 쿠르스크 북쪽으로 돌파할 수 있었을까? 그들은 일찍 공격하여 쿠르스크 돌출부에 있는 전우들에게 가해지는 압박을 덜어야 했을까, 아니면 기다렸다가 모델의 부대가 모두 투입된 후에 공격해야 했을까? 독일 4기갑군의 공세는 고전적인 지도 게임의 재미를 느끼게 해준다. 이동은 매일 이루어지며 사단급 혹은 여단급으로 행동이 결정된다. 여단급의 작은 전투인 하리코프 주변의 기동전은 더 흥미가 넘친다.

전화통화 전쟁 게임

멀티플레이어 게임을 하기 위해 사람들을 조직하는 것은 매우 어렵다. 넓게 흩어진 장소에서 한날 한시에 게임을 하러 모여야 하기 때문이다. 그리고 숙박·식사 등을 제공하는 어려움도 있다. 사람들이 반드시 한날 한시에 모일 필요가 없다면 이런 불편들을 덜 수 있다. 그러려면 서로 의사소통할 수 있는 수단이 필요하다. 지도 게임에서 심판들은 끊임없이 플레이어들과 의사소통을 나누는데, 때때로 서면 메시지를 이용하기도 하지만 대부분은 해당 플레이어를 찾아가 구두로 한다. 각 참가자들이 격자체계가 똑같은 지도를 갖고 있다면 일일이 찾아갈 필요 없이 지도상의 특정 포인트를 참조하는 것이 가능하다. 플레이어와 심판들이 전화로 연결되어 있다면 그들 사이에 복도, 국경, 심지어 대륙이 가로놓여 있다고 해도 거리에 상관없이 원하는 메시지를 주고받을 수 있다.

전화통화 전쟁 게임은 매우 간단하지만 아주 효율적이다. 게임 1주 전에 참가자들과 연락해 게임 날짜를 조율한다. 시나리오를 궁리해내고 지도를 배포하며 브리핑을 실시한다. 지도를 설정할 수 있게 플레이어들에게 서면 계획을 보내올 충분한 시간을 주고, 게임 직전에 갱신된 정보 평가서를 각 플레이어에게 배포한다. 그러고 나서 다음 차례대로 전화통화로 게임을 진행한다.

1. 공격자로부터 명령을 받는다.
2. 방어자로부터 명령을 받아 전투 판정 등을 실시한다.
3. 공격자에게 피드백을 주고 새 명령을 받는다.

4. 방어자에게 피드백을 주고 새 명령을 받는다.

각 전화통화에 제한을 두면 플레이어들이 명령을 짧게 내리고 돈도 절약할 수 있다.

전화통화 게임을 하면 플레이어들은 저녁에 전화를 매우 집중적으로 사용하게 된다. 따라서 어머니가 전화를 걸던가 해서 긴급한 통신이 먹통이 될 수 있는 날은 게임을 해서는 안 된다. 또한 국제통화로 게임을 하게 될 경우 독자들은 종종 전화통화 요금 고지서를 받아보고 게임 때문에 엄청난 돈이 부과된 것을 알게 되는데, 플레이어들이 모스크바나 베를린에 살고 있지 않는 한 전화 요율을 잘 참조하면 그런 일은 방지할 수 있을 것이다. 어떠한 경우라도 전화요금은 모든 참가자들이 나누어 내야 한다.

테이블탑 게임

테이블탑 게임은 동부전선처럼 드넓게 열린 공간의 전투를 게임으로 재현하는 데는 그리 이상적인 방법은 아닌 것 같다. 하지만 이 책에서 언급된 고위 지휘관들은 대개 지상에서의 싸움을 직접 보기보다는 지도를 보면서 싸웠고, 테이블탑 게임도 플레이어들에게 주체할 수 없을 만큼 많은 정보를 준다는 사실을 명심하라. 물론 사단급 이하의 독일군과 소련군 지휘관들이 이해하기 어려운 육감에 끌려 예하 부대들을 방문하는 데 많은 시간을 들인 것도 사실이다. 더 나아가서 전장이 매우 광대했음에도 불구하고 공격 전면은 매우 좁았다. 대규모 기갑 대형의 폭도 불과 2~5킬로미터였다.

1인치:100m 축척이라면 1:300 비율의 인형을 갖고 독일군 사단 또는 소련군 군단급 공격 지역을 재현하는 것이 가능하다. 양편에 각 3,000대씩의 많은 차량들이 포함되어 있으므로 양군에서는 모형의 비율을 조절하거나 다양한 크기의 전술 부대를 사용해야 할 것이다. 모형 하나를 가지고 소대, 중대, 또는 포대로 사용함으로써 게임을 관리하기 쉽게 할 수 있다.

대부분의 구현 수준에서 다른 전쟁 게임에는 잘 나타나지 않는 보급부대, 공병 및 기타 부대를 재현하는 모형들이 필요하다는 것도 염두에 두어야 한다. 시나리오를 짜는 데는 그리 큰 주의가 필요하지 않다. 게임에서 독일군이 대규모 공격을 할 기회를 충분히 얻었다면 소련군도 반격해올 것이기 때문에, 테이블은 이것들을 소화해낼 만큼 충분히 넓어야 한다. 독일군이 소련군을 발견할 때까지는 소련군을 테이블에서 치워놓아야 한다. 이런 유형의 전투 실례는 폰 멜렌틴 장군의 책 『전차전(Panzer Battle)』에서 찾아볼 수 있다. 독일 48기갑군단은 공격의 첫 단계에서 그로스도이칠란트, 3·11기갑사단으로 1개 소련군 소총사단을 공격했으나, 소련군은 기계화군단과 기갑군단을 이후 며칠 동안 잇따라 내보내 독일군을 막았다. 누가 먼저 물러날 것인가? 실전은 그랬을지 몰라도 게임이 고착되지 않게 하려면 이 문제를 해결하는 것이 중요하다. 게임에서는 시간의 압박에 직면해 목표를 달성하려는 사령관들에게 긴장감을 주어야 한다. 비교적 적은 움직임과 긴장을 유지하기 위해 뇌우, 항공 공격, 신규 부대 등의 다양한 이벤트들로 게임의 속도를 빠르게 유지하여 사령관들이 언제나 새로운 문제를 해결하도록 하라.

테이블을 따라 방어 중인 소련 소총사단을 묘사한 또 다른 시나리오도 있다. 전초 부대를 제외하면 테이블 위에 다른 소련군은 없다. 더 거대한 전력을 갖춘 독일군은 순찰, 국지 공격, 항공정찰, 포로 심문, 폭격 등으로 제한 시간 내에 많은 거점과 지뢰지대에 위치해야 한다. 시간이 다 되면 그들은 대공세를 계획해야 한다. 방어군은 공격군의 생각을 뛰어넘어 빈약한 예비대를 적재적소에 배치해야 한다. 공세가 진행되면 적의 폭격과 포격 하에서 부대를 움직이는 것이 힘들어진다. 이 흥미진진한 정보 게임에는 심판도 1명 필요하지만 방어측 없이 두 플레이어가 게임하는 것도 가능하다. 심판이 방어 구획과 반응을 정해놓고 공격군이 접근해옴에 따라 노출시키는 것도 가능하다. 일부 게임에서는 심판이 소련 측을 완전히 맡아 진행하기도 한다. 소련군은 공격 수행 시 비교적 틀에 박힌 형식으로 움직였기 때문이다. 보드 게임 'NATO 디비전 코맨더(NATO Division Commander)'의 1플레이어-1심판 기술에 익숙한 일부 독자들도 있을 것이다.

세 번째 시나리오는 8월 기간에 나타난 특징인 기동전에 초점이 맞춰져 있다. 소련군 플레이어는 개략적인 지도와 전차 군단 같은 대규모 군대를 갖고 제한된 시간 내에 명령을 받는다. 테이블 위에서 플레이어는 목표를 이루기 위한 루트를 선택해야 한다. 독일군 플레이어는 더 자세하고 정밀한 지도와 약간의 대전차특공조, 대전차포, 전차 등으로 이루어진 보다 적은 전력을 갖고 있다. 그는 우선 공격군이 어느 루트를 사용해서 부대를 전개할지 알아야 한다. 이렇게 하면 적이 위치를 파악할 때까지 숨어 있을 수 있으며 은폐와 매복을 이용하여 소련군을 가급적 오래 지연시킬 수 있다.

| 참고 문헌 |

Paul Carell, *Scorched Earth*, George Harrap & Co Ltd., 1970.

Alan Clark, *Barbarossa*, Hutchinson & Co, 1965.

John Erickson, *The Road to Berlin*, Weidenfeld & Nicholson, 1983.

Geoffrey Jukes, *Kursk: The Clash of Armour*, Purnell's History of Second World
War: Battle Book No 7, 1968.

Colonel G. A. Koltunov, *Kursk: The Clash of Armour*, Purnell's History of Second
World War, 1966.

Erich von Manstein, *Lost Victories*, Methuen & Co Ltd., 1958; Arms & Armour Press,
1982.

Janusz Piekalkiewicz, *Operation 'Citadel'*, Costello, 1987.

Earl F. Ziemke, *Stalingrad to Berlin - The German Defeat in the East*, Dorset, 1968.

* 쿠르스크 전투는 그 결과가 갖는 중요성에도 불구하고 그리 잘 문서화되지 못했다.

프랑스 1940

제2차 세계대전 최초의 대규모 전격전

앨런 셰퍼드 지음 | 김홍래 옮김 | 한국국방안보포럼 감수 | 값 18,000원

1940년, 독일의 승리는 세계를 놀라게 했다. 유럽의 강대국이자 세계에서 가장 거대한 군대를 보유하고 있던 프랑스는 불과 7주 만에 독일군에게 붕괴되었다. 독일군이 승리할 수 있었던 비결은 무기와 전술을 세심하게 개혁하여 '전격전'이라는 전술을 편 데 있었다. 이 책은 프랑스 전투의 배경과 연합군과 독일군의 부대, 지휘관, 전술과 조직, 그리고 장비를 살펴보고, 프랑스 전투의 중요한 순간순간을 일종의 일일전투상황보고서식으로 자세하게 다루고 있다. 당시 상황을 생생하게 보여주는 기록사진과 전략상황도 및 입체지도를 함께 실어 이해를 돕고 있다.

노르망디 1944

제2차 세계대전을 승리로 이끈 사상 최대의 연합군 상륙작전

스티븐 배시 지음 | 김홍래 옮김 | 한국국방안보포럼 감수 | 값 18,000원

1944년 6월 6일 역사상 가장 규모가 큰 상륙작전이 북프랑스 노르망디 해안에서 펼쳐졌다. 연합군은 유럽 본토로 진격하기 위해 1944년 6월 6일 미국의 드와이트 D. 아이젠하워 장군의 총지휘 하에 육·해·공군 합동으로 북프랑스 노르망디 해안에 상륙작전을 감행한다. 이 작전으로 연합군이 프랑스 파리를 해방시키고 독일로 진격하기 위한 발판을 마련하게 된다. 이 책은 치밀한 계획에 따라 준비하고 수행한 노르망디 상륙작전의 배경과, 연합군과 독일군의 지휘관과 군대, 그리고 양측의 작전계획 등을 비교 설명하고, D-데이에 격렬하게 진행된 상륙작전 상황, 그리고 캉을 점령하기 위한 연합군의 분투와 여러 작전을 통해 독일군을 격파하면서 센 강에 도달하여, 결국에는 독일로부터 항복을 받아내는 극적인 장면들을 하나도 놓치지 않고 자세하게 다루고 있다.

토브룩 1941

사막의 여우 롬멜 신화의 서막

존 라티머 지음 | 짐 로리어 그림 | 김시완 옮김 | 한국국방안보포럼 감수 | 값 18,000원

이 책은 1941년 2월부터 6월까지 롬멜의 아프리카군단이 북아프리카의 시레나이카에서 전개한 공세적 기동작전과, 영연방군이 이에 대항하여 토브룩 항구로 후퇴하여 전개한 방어작전을 다루고 있다. 우리는 이를 통해 롬멜의 신화가 어떻게 시작되었는지를 보게 된다. 독일의 대전차군단과 토브룩 방어군이 엮어내는 사막의 대서사가 생생한 사진과 짐 로리어의 빼어난 삽화를 통해 펼쳐진다. '사막의 여우' 롬멜과 '저승사자' 모스헤드가 벌이는 치열한 두뇌게임은 손에 땀을 쥐게 하며 사막의 전설이 되어버린 슈투카 급강하폭격기와 88밀리미터 대공포의 기상천외한 활약도 인상적이다.

벌지 전투 1944 (1)

생비트, 히틀러의 마지막 도박

스티븐 J. 잴로거 지음 | 하워드 제라드 그림 | 강경수 옮김 | 한국국방안보포럼 감수 | 값 18,000원

1944년, 노르망디 상륙작전의 성공으로 연합군은 그해가 다 가기 전에 전쟁을 끝낼 수 있을 지도 모른다는 희망에 부풀어 있었다. 그러나 이미 독일군의 예봉은 동부전선에서 거두어져 서부전선으로 향하고 있었다. 실패할 경우 다시 일어설 수 있는 전력이 남아 있지 않다는 점에서 마지막 도박이라고 할 수 있었던 히틀러의 "가을안개" 작전으로, 연합군은 의표를 찔렸고 저지국가 일대의 습하고 변덕스런 날씨와 울창한 삼림 속에서 독일군과 뒤엉킨 채 숱한 혼전을 치러야 했다. 그리고, 작전개시 첫 열흘 동안 벌어진 생비트 일대에서의 격전으로 벌지 전투의 향방은 사실상 결정되었다.

벌지 전투 1944 (2)

바스토뉴, 벌지 전투의 하이라이트

스티븐 J. 잴로거 지음 | 피터 데니스 · 하워드 제라드 그림 | 강경수 옮김 | 한국국방안보포럼 감수 | 값 18,000원

이 책은 1944년의 마지막 며칠 동안 뫼즈 강으로 진출하려는 독일군과 이를 저지하려는 미군 사이에서 벌어진 벌지 남부지역의 치열한 전투를 다루고 있다. 전투 과정에서 독일군은 미국의 2개 보병연대를 포위섬멸하는 대전과를 거두기도 했지만, 바스토뉴 공방전에서 미국의 가공할 물량전에 밀림으로써 마지막 예봉이 꺾이고 말았다. 벌지 전투의 하이라이트이자 TV드라마 〈밴드 오브 브라더스〉 등으로도 유명해진 바스토뉴 공방전이 사실에 입각하여 철저하고 생생하게 재현된다.
수많은 전투를 치러온 양측 백전노장들의 두뇌싸움과 논전은 실로 흥미진진하며 진격과 후퇴, 묘수와 실책, 행운과 불운 속에 갈리는 양측의 희비는 드라마보다도 더 극적이다.

지은이 마크 힐리(Mark Healy)
1953년생으로 영국 브리스톨 대학에서 정치신학 석사학위를 받았다. 현재 교사로 재직하고 있으며, 서머싯에 있는 학교에서 인문학부 학장을 맡고 있다. 그는 엘리트(Elite) 시리즈 40 『새로운 왕국, 이집트(New Kingdom Egypt)』를 포함해 오스프리(Osprey) 출판사의 많은 책들을 저술했다. 고대사와 현대사에 많은 관심을 갖고 있다.

옮긴이 이동훈
중앙대학교 철학과를 졸업한 후 〈월간항공〉의 취재기자로 일했고, 〈메달 오브 아너〉 시리즈와 〈서브 코맨드〉, 〈배틀필드 1942〉 등과 같은 전략 게임의 현지화 작업에 참여했다. 다음 카페 '에뜨랑제의 태평양전쟁사'를 운영 중이며 전문번역가로 활동하고 있다. 저서로는 『영화로 보는 태평양전쟁』, 『영화로 보는 유럽전쟁사』, 번역서로는 『히틀러의 하늘의 전사들』, 『아버지의 깃발』, 『대공의 사무라이』 등이 있다.

감수자 이명환
공군사관학교 28기 졸업 및 임관(1980). 서울대학교 서양사학과에서 학사 및 석사학위를 받고 독일 쾰른대학교(Universität zu Köln)에서 역사학 박사학위를 받았다. 공군사관학교 군사전략학과 전쟁사 교수를 역임했고, 현재 서원대학교 강의교수와 군사전문기자로 활동하고 있다. 번역서로는 『제공권(G. Douhet, The Command of the Air)』, 『서양전쟁사(M. Howard, War in European History)』 등이 있고, 논문으로는 "독일 연방군의 군사개혁", "6·25전쟁 중 한국 공군의 항공작전" 등이 있다.

한국국방안보포럼(KODEF)
21세기 국방정론을 발전시키며 국가안보에 대한 미래 전략적 대안들을 제시하기 위해, 군·정치·학계·언론·법조·경제·문화·매니아 집단이 모여 만든 사단법인이다. 온-오프 라인을 통해 국방정책을 논의하고, 국방정책에 관한 조사·연구·자문·지원 활동을 하고 있으며, 국방 관련 단체 및 기관과 공조하여 국방교육 자료를 개발하고 안보의식을 고양하는 사업을 하고 있다.
http://www.kodef.net

KODEF 안보총서 94

쿠르스크 1943

동부전선의 일대 전환점이 된 제2차 세계대전 최대의 기갑전

개정판 1쇄 인쇄 2017년 10월 23일
개정판 1쇄 발행 2017년 10월 27일

지은이 | 마크 힐리
옮긴이 | 이동훈
펴낸이 | 김세영
펴낸곳 | 도서출판 플래닛미디어

주소 | 04035 서울시 마포구 월드컵로8길 40-9 3층
전화 | 02-3143-3366
팩스 | 02-3143-3360
등록 | 2005년 9월 12일 제 313-2005-000197호
이메일 | webmaster@planetmedia.co.kr

ISBN 979-11-87822-10-3 03390